狂野的希望

在灰暗的日子里找到光亮

WILD HOPE
Healing Words to Find Light on Dark Days

[英]唐娜·阿什沃斯——著 涂颜色————译
（Donna Ashworth）

北京联合出版公司
Beijing United Publishing Co.,Ltd.

图书在版编目（CIP）数据

狂野的希望：在灰暗的日子里找到光亮 / (英) 唐娜·阿什沃斯著；涂颜色译. -- 北京：北京联合出版公司, 2025. 7. -- ISBN 978-7-5596-8423-3

Ⅰ. B821-49

中国国家版本馆CIP数据核字第2025SY1057号

WILD HOPE: HEALING WORDS TO FIND LIGHT ON DARK DAYS by DONNA ASHWORTH

Text copyright © Donna Ashworth, 2023

"Originally published in the English language in the UK by BLACK & WHITE PUBLISHING, an imprint of Bonnier Books UK Limited, London.
This edition arranged through BIG APPLE AGENCY, LABUAN, MALAYSIA.
Simplified Chinese edition copyright：
2025 Beijing ZhengQingYuanLiu Culture Development Co., Ltd
All rights reserved."

北京市版权局著作权合同登记 图字：01-2025-1664号

狂野的希望：在灰暗的日子里找到光亮

著　　者：［英］唐娜·阿什沃斯
译　　者：涂颜色
出 品 人：赵红仕
责任编辑：孙志文
特约策划：依　一
封面设计：ⅣⅤ燹工作室
装帧设计：季　群

北京联合出版公司出版
（北京市西城区德外大街83号楼9层　100088）
北京联合天畅文化传播公司发行
北京中科印刷有限公司印刷　新华书店经销
字数150千字　880毫米×1230毫米　1/32　6.5印张
2025年7月第1版　2025年7月第1次印刷
ISBN 978-7-5596-8423-3
定价：59.80元

版权所有，侵权必究
未经书面许可，不得以任何方式转载、复制、翻印本书部分或全部内容。
本书若有质量问题，请与本公司图书销售中心联系调换。电话：（010）64258472-800

没有希望，一切都将归于虚无。

希望往往是生与死之间最关键的分界线。

希望存在于万物皆无之时，

它是一种无形却强大的力量，

我们每一天、每一刻，都能从中汲取能量。

这些能量都汇聚在这本书的字里行间，

化作"希望"，一直陪着你。

contents
目录

第一部分	2	希望一直都在
	4	山高路远，我们继续前行
当你	5	别把希望弄丢了
感到无助时	6	驱散阴影的光
	8	伸出援手
	9	有时候，希望只是躲起来了
	10	勇敢地跳吧
	11	你的善良是有重量的
	12	熬过那段黑暗苦涩的时光，他们的光辉终会找到你
	13	狂野的希望
	14	昨天的垃圾该扔了
	16	坚持住
第二部分	18	准备好迎接快乐了吗？
	20	过好每一天，就当它是最后一天
当你	21	赐予星期天灵魂吧
觉得生活无趣时	23	你的周围都是宝藏
	24	容易被遗忘的满足感

	26	能有这样平凡的一天，就很好了
	27	勇敢去到照片中吧
	28	如果没有"如果"
	29	给生活做减法
	31	恭喜，你快要苦尽甘来了
第三部分	34	释放吧！做自己就好
	36	勿念过去，不惧将来
当你	37	你远比自己想象的更重要
怀疑自我时	38	女巫的伤口
	40	抓住赞美，别再把它们扔掉了
	41	长者的智慧
	42	日子并没有荒废
	43	永远选择你自己
	44	岁月抹不掉你的美丽
	45	化作璀璨的尘埃
	47	我们需要的仅仅是被接纳
	48	你是被庇佑的
	49	回归自然
	50	你在他们够不到的高度
	51	今天也祝福你
	53	你不是为每一个人而存在
	54	关注你的感觉
	55	在这里歇一会儿吧
	57	日月星辰，山川海洋，还有你
	58	你就是最完美的你

	59	亮出你的牌吧
	60	低调的荣耀也值得歌颂
第四部分	64	你遇见的每个人都不是偶然
	65	在你疲惫时，借给你肩膀的那些人
那些重要的	66	那些无须多言的朋友
人和事	68	心，得到它应有的位置
	69	如果可以，请偶尔回首
	71	装宝贝的盒子
	72	灯塔与石头，它们同样重要
	73	文字的力量
	74	把吵架留给那些好争论的人
	75	去做你擅长的那件小事
	76	真正的朋友
	78	你，真的还好吗
	79	你所拥有的
第五部分	82	在聆听中感知我
	83	在没有你的日子里
致爱人	85	住在心底的人，永远不会分离
	87	记忆
	88	因为你，我的心再一次完整了
	89	把我写下来
	90	来自天堂的牵线
	91	当我的心不再跳动

	92	再次重逢，我定不会辜负
	94	为了你，我开始仰望天空

第六部分	96	短短那么几年
致孩子	97	致女儿
	99	致儿子
	101	你是我的小太阳
	102	曾经是孩子，现在是父母
	103	等待雏鸟归来
	104	小小的手指

第七部分	108	你是诗，是远方，是生命中最美的意象
你	109	你我皆是过客
	110	灵魂向往自由的天地
	111	你有魔法
	112	你的故事
	114	我喜欢的正是你的古灵精怪
	116	你的本质，你的存在，无与伦比

第八部分	118	只是女人而已
女性	119	我也是那种女人
	121	觉醒中
	122	大自然母亲的手
	123	允许他们
	125	祝你母亲节快乐

	127	付出了太多
	128	一个勇敢无畏的女孩
	130	不是只有女性才能温柔
	132	女人们心知肚明
	133	她们与你同在
	134	献给母亲们
	135	姐妹情谊
	136	青春，是她最后会拾起的东西
第九部分	138	爱的语言，美得无与伦比
爱	139	最终，你还是学会了如何去爱
	140	去爱吧，因为那是心之所属
	142	爱，最先来
	143	没说出口的爱
第十部分	146	心里的小孩早已疲惫不堪
写给疲惫的内心	147	焦虑这玩意儿，就是越想越多
	148	睡觉之前
	149	少做一点
	151	别让忧虑和你一起入睡
	153	和我坐一起吧
	154	敬我们坚韧的脊梁
	155	许愿请三思哟
	156	我希望

第十一部分

生与死

- 160　天堂
- 161　随风而去
- 162　他们在另一个世界回忆
- 163　天国的孩子们
- 165　他们已然平和
- 166　带上他们的呼吸
- 168　生与死
- 169　给你的伤口时间，让它们愈合

第十二部分

这个世界

- 172　道理、四季、人生
- 174　春
- 175　夏
- 176　秋
- 177　冬
- 178　光阴
- 179　宇宙
- 181　太阳
- 182　月亮
- 183　悟
- 184　因果
- 185　善
- 186　时间的意义
- 187　快乐与幸福
- 188　在我生命最后的日子里
- 189　这颗神奇伟大的石头

第一部分

当你
感到无助时

> 当一切都在分崩离析，
> 当希望成为你唯一所剩的东西时，
> 它便是支撑你挺过来的一切。

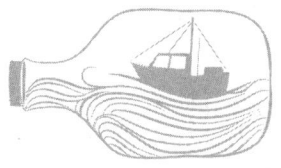

希望一直都在

人生，有时宛如一艘被命运无情拖向深渊的沉船，仿佛永无翻身之日。但是希望不会被宿命一同拽入海底。纵使万物沉沦，唯有希望，如同破晓的曙光，冉冉升起。它无须引擎，也能破浪前行；没有翅膀，也能翱翔天际。希望不需要光和氧气，反而在黑暗中更加茁壮成长。它就是那对抗统计数据的百分之一，是无法被解释的奇迹。

希望在信念与心灵的交汇处徘徊，是连接两者的纽带，也被它们温柔地守护在中间。

希望，是相信一切终将美好，是相信阳光会再次温暖大地，是相信结局未必会留下遗憾。

希望在荒凉的空虚中坚韧地生长，在污秽的泥沼中无畏地绽放。
希望，如同携着魔法的不速之客，神秘而美好。
而最美好的莫过于，它是无偿的：你只需轻声呼唤，它便会悄然靠近。

希望漂浮着，永不沉沦。
它一直都在，从未离开。
朋友，当你疲惫不堪时，抓住希望吧，就像抓住苍茫大海中的一个救生圈，虽然如稻草般微小，却足以将你重新拉回生命的转盘中。

山高路远，我们继续前行

"山高路远，继续前行"，
简短的八个字却蕴含着无穷的力量。
我们跌倒过、破碎过，明知未来会再次崩溃，也会在碎片中重拾力量。
我们在感情中失败过、心碎过，但仍愿去爱，即使深知痛苦可能永不停止。
我们孤身前行，却在途中停下脚步，
伸出援手帮助另一个人站了起来，一起迎接更光明的未来。

无论生活给我们多重的打击，我们都已经学会
在泪水中洗净脸庞，在悲痛中朝天呐喊，在挣扎中放下执念。
然后，我们轻轻拍去身上的灰尘，抖擞精神，继续前行。
继续前行，怀抱希望，山高水长，
这力量，如同暖阳驱散我们内心的寒霜，
让我们明白，
跟随跌倒而来的，是某一天重新站起，
而被泪水浸润的，是紧随其后的笑容。
无论风雨坎坷，请继续前行吧。

别把希望弄丢了

请把希望放在一个安全的地方吧。不是藏匿奇珍异宝的保险柜或是隐秘难寻的角落；只需一个日常的安全之处，比如，和你的车钥匙放在一起。

如果你把希望放在车钥匙旁，你就再也不会把它弄丢了。因为它像车钥匙一样闪闪发光，像一颗星星，在你身边闪烁，你永远不会失去它。它会帮助你摆脱那片笼罩你生活的麻木腐朽又浑浊的云雾。它们曾侵蚀你的灵魂，掏空你的内心，只给你留下一副空洞又孤寂的躯壳。

没有车钥匙，我们无法启程；没有了希望，我们便如同迷途的羔羊。
希望是人生的引擎，是心灵的方向盘，是我们前行的驱动力。请把希望妥善安放，不要冷落它，也不要忘了它，不然它会失落的。
把希望和你的钥匙放在一起吧，因为你远比你以为的更需要它，而它也远比你想象的更愿意陪伴你。

驱散阴影的光

你是否也曾在夜深人静时惊醒过,觉得房间角落里那阴沉沉的影子令你惶恐不安,仿佛黑暗中有无形的眼睛注视着你,让你后脊发凉。你发现自己的身体愈发蜷缩;你听见心跳声在耳边回响,如同轰鸣;你没意识到自己紧紧咬着牙,再用力一点肌肉就会痉挛。你慌乱地摸索着去开灯,却发现那团黑影其实是躲在椅子背后的衣服。

人生不也如此吗?
那些我们不敢面对的恐惧,那些深藏心底的焦虑,在黑暗中显得如此庞大而恐怖。但请记住,黑暗最惧怕的正是你内心的光芒。
勇敢地打开心灯吧,让光芒洒满每一个角落,那些曾经令你退缩和四处"追杀"你的阴影,在你的照耀下,只能瑟瑟发抖,落荒而逃,灰飞烟灭。

你的光芒,是与生俱来的馈赠。
它一直深藏在你心底最柔软的角落,温暖而炽热。

所以，亲爱的朋友，请勇敢地发光吧！
当你成为那束光，黑暗就会在你面前退避三舍，
世界会因你而多一分熠熠生辉的希望，少一分让人窒息的黑暗。

伸出援手

在你感觉迷茫、无助、找不到自己的日子里，去帮助别人吧。寻找一个需要帮助的对象。无论小似尘埃、轻如鹅毛，还是重如泰山，都可以成为你的选择。当你伸出援手给予帮助时，一件美妙的事情就会发生——

你的心会慢慢打开，从自我封闭中走出来；
你的思绪会从关注自己转向关照他人，冷漠会被温暖取代，心少了点无情而多了些共情；
你那美丽的灵魂，原本被困在焦虑和彷徨中，
此刻却能自由地绽放，施展风采去做有价值的事情。

在意识到这个之前，你可能一直在忙于应付自己的烦恼，被纷乱的思绪压得喘不过气，耗尽了体力。而当你伸出援手时，内心却意外地平静下来了，慌乱和混乱也逐渐消散了。不知不觉中，你的心和大脑重新找到了方向。如果有一天你感到力不从心或无计可施了，觉得自己帮不了自己了，就试试去帮助别人吧。

有时候，希望只是躲起来了

如果没有希望，悲伤将吞噬你的生命。
如果你不相信希望会出现，不相信它始终在你身边，不相信它正用爱滋养你的心灵，
悲伤就会将你的世界变成一片荒芜。

有时候，希望只是躲起来了，但它从未真正离开。
不要让那些美好而充满喜悦的事物，成为你沉沦的理由。
它们本是你活着的使命，是心中炽热燃烧的火焰，是支撑你前行的力量。
希望很想让你知道，它始终对你不离不弃。
它像一床隐形的被子，虽然看不见，却会在寒冷的夜晚默默温暖你。

让它温暖你吧，朋友。
有时候，希望只是躲起来了，但请相信，它终会归来。

勇敢地跳吧

站在新篇章的边缘，难免会感到忐忑。
那些熟悉的页面总是让人心生留恋，但你必须继续向前走。
每一章都会结束，哪怕是那些最美好的时光。
如果你在过去徘徊太久，你可能会错过未来最动人的瞬间，
只因沉溺于过去的哀愁之中。
站在边缘感到害怕是再自然不过的事，
但请勇敢地跳吧，
前方还有许多美好在等你。
曾经的回忆，会永远铭刻在心中，成为你人生旅途中的温暖光影。

你的善良是有重量的

当坏事接踵而至时,我们会感到很无助,这很正常。世界上的不幸如此繁多,似乎无从应对。

但请记住,万物都存在于能量的流动中,而你的善意同样拥有力量。

这份善意会化作涟漪。涟漪是有感染力的,它们会汇聚成一个一个的波浪。

有时间相助,那些微小却持久的波澜,终将撼动山岳。

你的善良、你的关怀、你的希望,都是有重量的。将它们释放出来吧。

每当你向陌生人送上祝福,愿他们平安时,我相信,宇宙都在倾听。

并且,宇宙每一次都听到了。

熬过那段黑暗苦涩的时光，
他们的光辉终会找到你

我们每个人心中都充满了光，虽然看不见，却真实地存在着。
在人生路上，我们散发着光芒，将它照在我们所爱的人身上。
当他们离开时，我们的世界会骤然黯淡。
因为那光源虽看不见，可我们曾如此真切地感受到它的温暖，如今却已冷却和消逝。

需要时间，一段很缓、很慢的时间，
他们才能在另一个世界安顿下来。
但我向你保证，那光会从一个全然不同的地方，某个意想不到的角落，重新照进你的生命。
我们或许看不见，但一定能感受到。

痛终有时，爱必将至。
请坚持住，熬过那段黑暗苦涩的日子，
他们的光辉终将找到你。
而当它找到你的时候，就再也不会有黑暗了。

狂 野 的 希 望

狂野的希望

希望是不会被驯服的,它更不会向现实低头。
希望既不会因为你的羞愧而黯然失色,
也不会因你言谈中的匮乏而动摇,
它不会听从你的忧虑,也不会回应你的恐惧,
它只是静静地聆听着你灵魂深处的声音,擦拭着内心孩童的泪水。

希望会在痛苦中绽放,昂首挺立,无惧风暴。
希望会穿越燃烧的烈焰,
所到之处,再灼心的火焰也会随之熄灭。

你无法驯服希望,也无法让它屈膝。
它在心间如野草般自由生长,
无价、无偿,也无拘无束。

只需在心灵深处寻觅,跟随本能和直觉的指引,
在那里,你会发现,
希望,在狂野且坚强地生长。

昨天的垃圾该扔了

正如黑夜必然跟随白昼，痛苦也会追随快乐而来。
正如夏天紧随春天，好时光难免也会被坏时光取代。
这是每个人的命运，谁也跑不掉。
唯一需要知道的是，没有什么是永恒的，万物皆在变化中。
那些坏时光，本质上总是让人感觉无望，
常常让人觉得像是末日，仿佛下一刻再也挺不过去。

但你会挺过去的，
因为过去的千百次，你都挺过来了。
哀叹你的倒霉吧，哭出你的不幸吧，
甚至捶胸顿足地向老天爷问道："为什么偏偏是我呢？"

没关系，这很正常。我们都这样。谁没有过这样的念头呢？
可等那愤怒和怨恨发泄殆尽之后，
就把它放下吧。
就像放下一个刚出炉的滚烫的盘子，
因为你需要腾出双手来，去迎接暴风雨过后的新事物、新的光明。

因为所有的风雨终有停息的时候,
无论如何,天总会重归晴朗。
如果你还紧紧攥着昨天的旧事不放,
新的美好又怎么接得住呢?

把每一个清晨当成一次摆脱过去的机会,
昨天的垃圾该扔了。
每一天都是新旅程的起点,
一页新纸,干干净净。
两手空空,迎接未来!

坚持住

很多时候，答案并不在我们触手可及的地方，而这样的时刻会有很多，甚至更多。但这没什么不好，因为有些事情本就不必急着求一个答案。我想，这些时刻给了我们充足的时间去召唤希望，学会相信，学会等待，学会将自己交付给那种笃定的信念。

相信吧，一个计划会自然浮现，一条路径会慢慢出现，出路总会在时间的推移和空间的变化中显现。生活自有它的步调。它会继续向前，带你去你注定要去的地方，就像大海总会把漂流瓶送回到岸边。

有时候，我们并不需要知道答案。
我们只需要去相信。
怀着希望，等待。
坚持住，朋友们，坚持住。

第二部分

当你
觉得生活无趣时

> 愿你走在了通往平和的那条捷径上：
> 在一个不嫌弃欲望泛滥的世界里，
> 依然不被欲望所困扰。

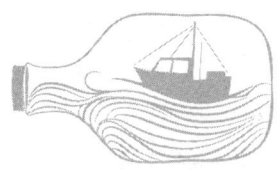

准备好迎接快乐了吗？

快乐是个不速之客，她不请自来，
但她不会手捧鲜花，踩着红毯，走在聚光灯闪耀的人生大道上，声势浩大地前来。
她会悄然而至，来得很是微妙。
比如在你倒咖啡时，正好看见一缕阳光洒在了你最喜爱的那棵树上，
快乐就在这时候来了。
然而你却将快乐拒之门外，
因为你觉得自己还没准备好接待如此尊贵的客人。
但其实你知道，快乐她并不介意你乱七八糟的家，也不在乎你银行卡里的数字，
更不在乎你体重秤上的数字。
快乐会在你不完美的人生裂缝中，悄悄地钻进来探望你。
快乐就是这么来的，
这就是她的操作，她的方式，她的本质。
快乐是不能被强行或刻意邀请来的，
就像我们无法强迫谁快乐，更不能刻意要求自己快乐。

我们只需准备好，准备好迎接快乐，
当她出现时，饱含情感地抱抱她，将她紧紧揽入怀中。
因为此时此刻，
是快乐选择了来到你怀里。

过好每一天，
就当它是最后一天

我们最大的错觉，就是深信每一个明天都会如期而至。
以为明天必然到来，却忘了今天也是生命的馈赠。
不珍惜每一天，无疑是我们冒过的最大的险。
去做那些让自己快乐的事吧，珍爱身边的亲人和挚友，
自由无畏地表达内心的声音吧，
追寻梦想，乘风破浪。
狂风暴雨中，我们依然低着头坚韧地前行；
身处黑暗中，我们依然相信光明终会到来。
这一切，都是生命不可或缺的一部分。
人生苦难重重，却也慷慨地给予我们幸福。
尽情地体验吧。

我们常以为，反正还有明天，所以荒废了如同礼物一般的今日，
但这其实是我们犯的最大的错误，也是最大的风险。
生命的意义，正藏在每一个值得被珍视的当下。

赐予星期天灵魂吧

太多的星期天，都被那可怕的星期一笼罩着，仿佛乌云压境，甚是压抑。星期一像一团风暴，裹挟着恐惧、焦虑和揪心，铺天盖地席卷而来；而后又化作无形的手，扼住了星期天的喉咙，无比窒息。

但是，朋友！星期天是上天送给你的礼物啊！星期天，是你的庇护所，是你身心的充电站，是枯竭的一周仅剩的一片自由的绿洲。而这一天，你值得全然拥有。

请好好捍卫宝贵的星期天！星期一已经足够猖狂，别让它再越界，侵犯你的安宁。做好准备，将星期一塞回它的盒子里，不要让它抢占星期天的位置与光芒。星期天便可像璀璨的钻石在时光中闪耀。

生活不是一场需要应付的苦役。

朋友，你来人间一趟，应当活得尽兴，体验喜怒哀乐，尝遍酸甜苦辣。而星期天，就像一份美好的礼物，中和了充满负能量和苦涩的日子，抚平了紧绷的神经，化作你脚下的草地，让你躺下来，看云卷云舒，听风吟鸟鸣，随心所欲地尽享安逸与轻松。

你的周围都是宝藏

并非所有美丽的心灵都会被爱；
富豪也会在奢华中感到莫名的悲伤；
每个人都会经历喜悦与痛苦的交织；
就像四季轮回、阴晴圆缺，皆是常态。

再华丽的房屋，也挡不住雨水的渗透；
再昂贵的奢侈品，也经不起风吹日晒的磨砺；
再闪亮的新车，也会与其他车子一样，驶过平凡的路途。
旧毛衣与新毛衣都能带来温暖；
六块腹肌的身躯也会疼痛与生病；
黄金手表再耀眼也无法让时光倒流。

一个房子，唯有充满爱，才能成为真正的家。
珍爱你所拥有的，你便会拥有你所爱的。
这就是人生，充满了快乐与无常。
善待你的生活，生活也将以温柔回馈你。
看看四周吧，
你会发现，无价的宝藏，早已环绕在你身旁。

容易被遗忘的满足感

我爱那些不完美而错落有致的房间，那些看似随意却别有一番风味的角落，那些精致而充满回忆的小物件，那些说走就走的旅行，那些久别重逢的相聚，那些从无到有仿佛变魔术般诞生的美味，所有这些不经意的瞬间，总是让我感到深深的满足。

送你生日礼物的人，他们可能不善言辞，会看似轻描淡写地说一句"哦，这没什么啦"，却饱含了他们无法言说的深情厚谊。

我爱那些灯光微闪、静谧如诗的夜晚，也喜欢那些笑声满溢、热闹非凡的时刻。
夏天的一根冰棍，冬天里那烤得香甜的红薯，也能带来小满足。这些小满足，常常被我们忽视和遗忘，但它们却是生活中最真实的部分。

夹杂着失败的那些尝试，或许会让生活看起来很不完美。

可是,爱,就住在这些不完美之中——
在凌乱里,也在真实里。
爱,就在不起眼的、容易被遗忘的满足之中。

能有这样平凡的一天，
就很好了

今天可能不会是超级棒的一天，但也不会是超级烂的一天。今天就是很普通的一天。

二十四小时里，包罗万象。会有难过的瞬间，也会有愉悦的时刻；有宁静的片段，也会有扎心和疲倦的插曲。而你，你会坦然面对这一切，因为这就是你的日常。

别给自己太多压力，总是期待所谓"特别"的一天。生活已经让你应接不暇了。

你内心的声音会提醒你：无论发生什么，你都做好了准备去面对。最重要的是，真正靠得住的，始终只有自己。真实、无畏，活得顺遂。这就是很平常的一天，生命中无数个乱七八糟、纷繁复杂的日子之一。能有这样平凡的一天，已经很好了。

勇敢去到照片中吧

你是否常常因为忙碌、疲惫或状态不佳，而一次次地避开了镜头？

你是否习惯性地选择成为那个在镜头外按下快门的人？

特别是在假期，当你觉得自己不够完美，当你觉得自己不上镜的时候。

但终有一天，那些爱你的人会翻找照片，寻找与你相关的记忆，并将这些照片视为情感的寄托。

在那些照片中，无论你的模样如何，都将变得无比珍贵。

到那时，没有人，真的没有人，会在意你的外表或是你的神情。

他们在乎的，只是你，那个真实存在的你。

在那个特别的时刻，照片中独一无二的你，就是他们最希望和需要看到的。

所以，勇敢地去到照片中吧。

因为照片，不仅仅是为了你而存在的。

如果没有"如果"

如果在生命的最后一刻,你突然意识到,自己本该好好享受生活,那会怎样?
你原本应该放手去活,去创造那些值得讲给后代听的故事。因为物质财富远远比不上你留下的那些充满爱的回忆,它们带来的喜悦才是无价的。

如果你发现得太晚——原来你的橘皮纹和小肚腩其实很可爱,它们从来不该成为你拒绝享受生活乐趣的理由,你会怎么想?如果你的最后一个念头是悔恨,后悔自己没有尽情体验生命的旅程,没有全心投入,没有尽兴而活,又会怎样呢?

如果你从现在开始阻止那样的遗憾发生呢?
如果你从现在开始,不再犹豫,去活出自己想要的样子呢?
如果……

给生活做减法

生活，有时让人感到不堪重负、招架不住。实际上，它确实承载了太多。
生而为人，除了爱、养育与生存，其他一切都只是锦上添花。
这些额外的东西，可以成为生命中的惊喜，只要我们不掉入欲望的陷阱。
因为，不是所有的东西都重要，也不是所有的东西都能被得到。
不必贪心，也不必患得患失。

真正重要的是，我们如何度过这短暂而宝贵的一生，在这世间留下怎样的足迹，
如何尊重这片土地，尊重这片土地上其他的人和生物，
能否用一种平和且坦然的心态去面对生命的终点，
尽力做到这些，便是对生命最好的诠释。

生活确实繁杂又沉重，但这就是它本来的样子。
我们不得不学会筛选、取舍、做减法，

不得不学会去生活、去爱、去尊重、去告别,
在这有限的时光里,活出自己的意义。

恭喜，
你快要苦尽甘来了

总有个声音对我说："你受了不少苦。"
每次听到这句话，内心都会微微一颤。因为人生好像一台榨汁机，不断把我们榨干、耗尽，我们一辈子都在付出，不停地付出，想努力挖得更深、走得更远、做得更多、爬得更高。
但当我们发觉自己快要被榨干时，却总能奇迹般地找到一种神圣的力量，去帮助那些有需要的人。

朋友，请记住，榨汁机并不是人生的归宿。
榨汁，是一个不断流动的过程，也是人生不可或缺的历程。
就像命运的齿轮，一直在转——被榨干、吸收、重复、浸润、再循环。
每一次的榨干，都是为了吸收下一次的甘甜。
所以，别忘了将自己浸润在甘甜中，它是滋养你的源泉。

别害怕被榨干，也别忘记去浸润。

只有经历了苦难，我们才能真正品尝到生命的甘甜。
在你觉得自己快被榨干的那一刻，你会听到这样的声音：
"恭喜，你快要苦尽甘来了。"

第三部分

当你
怀疑自我时

❝ 希望是从失败中冉冉升起的内心声音：
明天，我们再试一次。

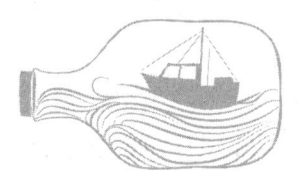

释放吧！做自己就好

不要害怕独自一人。总有一天，你会遇到那个真正喜欢你的人。
有些人喜欢你，是因为你长得漂亮、会说话，或者幽默风趣。
但这些喜欢，暗含着很多期待和要求。

还有些人，见过了你哭泣和狼狈的样子，知道你的艰辛和平凡，
却依然愿意接纳不完美的你，允许你的小任性，把肩膀借给你依靠，把好吃的糖果都塞给你。
因为那些人喜欢的是真实的你，而不是一个被精心包装的奖杯，可以拿在手上到处炫耀。

人生如此珍贵而短暂，珍贵到我们不想让它荒废成一张单薄的纸片，短暂到我们需要腾出时间来接纳自己的真实——那些混乱、不做作、喧闹和快乐的瞬间。
不用因为大大方方做真实的自己而感到难为情。
释放吧，绽放吧。只有那些真实而自豪的人，才算真正地

体验了一遍人生，
真正活出了属于自己的人生。
去做自己，也只有你，才能如此真实地做自己。

勿念过去，不惧将来

不必为过去的自己辩护。
因为那时的你，无知且懵懂。
而如今，你已了然于心。
当时的你，已经尽力了。
如同生命中的万物，你也在不断进化、不断成长。
如果你发现自己还在徒劳地为曾经的自己辩解，请停下来。
你不必如此。
因为你早已向过去的自己优雅地告别了，尽管那告别饱含痛苦。
如果身边的人无法理解或共情，那是他们的遗憾。
是他们需要加快步伐，追赶现在的你，而你无须回头、等待或挽留。

你不必为过去的自己辩护。
不曾走过，怎会懂得？
勿念过去，不惧将来。

你远比自己想象的更重要

假设在你的一生中,每一个喜欢你的人都在地图上闪烁,
那将会形成一张星光点点的网,闪耀而迷人。
再加上那些你曾对陌生人展现的友善,
那些你给予欢笑和灵感的人,
还有那些在人生旅途中被你激励过的人……
你的那张人际网,将会是一幅令人赞叹的画卷。

其实,你远比自己想象的更为重要。
你做过的事也远比你意识到的要多得多。
那些你留下的足迹已经变成了光明的路径,
也许你自己未曾察觉,但它们却真实地存在着,照亮了他人的世界。
这一切,真是太了不起了。
真的,真的是太了不起了。

女巫的伤口

有一种东西,他们称它为"女巫的伤口"。

我们被狠狠地惩罚了,
破碎,血染沙场,留下一道道伤口。
而这,只是因为我们过于闪耀,过于真实,
可是,这对很多人来说太刺眼。
于是,我们开始学习隐藏光芒,学习低调,甚至还学会了装傻和装死。
我们还被教导,要警惕甚至恐惧自己会发光的个性,
要遮盖它,阻止它灼伤到其他人,以免它成为我们灭亡的前因。

可是,你不是女巫,
你只是一个单纯又复杂的女人。
你的魔法也不是自己可以选择或失去的,
它是与生俱来的,也是永恒的,
对你不离不弃。

如今，治愈的时刻已然来临，
那些曾经被称为"女巫的伤口"的东西，将化作你最耀眼的勋章。
将魔法和光芒释放出来吧，你不需要再隐蔽了。
欢迎你，重新闪耀在这片天地之间。

抓住赞美，别再把它们扔掉了

我曾见过无数赞美向你倾注而来，可你却像驱赶夏天的蝇虫一样把它们挥走。

我也见过一些伤人又刺耳的话，像子弹一样朝你的防线开火，你却二话不说就让它们通过，还用双手将它们捧起，安放在心底。

然后，在那些伤心的日子里，当你的心感到疼痛时，你却伸手去拿那些伤人的子弹、言语，用力按压在心口，把你的心刺得更痛。

而那些赞美呢？它们早已随风飘散，不见踪影。

朋友，从今天开始，去抓住那些赞美，把它们擦亮，陈列在你可以看见的地方，供自己欣赏。把那些伤人的话语赶出你的心房，再也不要相见。

此刻，开始收集你的赞美：
你是一个温暖、独特、有爱心还特别善良的人。
因为有你，世界变得更美好了。

长者的智慧

让我们重拾长者的辉煌——那些智慧的、受人敬仰的、学识渊博且阅历丰富的长者,本应置于璀璨的高台,可我们却轻慢了他们。

长者们用一生的旅程,为我们绘制了人生的宝藏图。

他们的经历,是时间的沉淀;他们的智慧,是岁月的精华;他们的故事,是生命的财富。

然而,我们却无视了这些宝藏,忘记去聆听他们的声音。

是时候重拾长者的辉煌了。

因为在这个快节奏且轻浮的时代,我们需要的不仅是速度,更需要深度和智慧。

让我们重新审视、改变视角,

将年长视作珍贵,视作成就,

视作一种崛起——而那正是它应得的位置。

日子并没有荒废

日子不会因为你没完成某个任务，或者打破了减肥计划，就失去意义。
日子会失去意义，是因为你忘了对自己或他人说一句温暖的话；
日子会显得虚度，是因为你忘了停下脚步、歇息片刻，在烦琐的生活中寻找那一丝微弱的美好，就像在泥土中寻找微光闪烁的金子；
如果你忘记，即使在最艰难的时刻，生活依然是一个珍贵的礼物，
那么日子会觉得自己真的被荒废了。
日子，值得你用心去体验和善待，而不仅仅是煎熬地生存。
因为不知道明天会怎样，所以好好享受今天吧！

永远选择你自己

某一天,那个东西会彻底吞噬你——
那个你长久以来任由它在脑海中自由栖息的东西。
你们彼此交锋,来回搏斗。
有些日子,它占上风,削弱你的光芒;
有些日子,你会成为胜者,将那无形的庞然大物塞回脑海
的一个角落。
但这场战争不能无休止地继续下去。
如果你容忍它继续猖狂,终有一天,那个东西会吞噬你。
是时候直面它了。
直视它的眼睛,深入它的内部,看看它究竟是个什么玩意儿。
在混乱、痛苦和悲伤之中,剥去它的外壳。
因为在这一切的背后,不管那个东西是什么,
都是因为缺失了爱。
虽然过去是你无法改变的,
但你可以确保一个更好的未来。
如果终有一天,那个东西会将你吞噬,
选择存活的,不是你,就是它,
请永远选择你自己。

岁月抹不掉你的美丽

变老,对那些深信它美好的人来说,是一种内在的光辉。
它透过皮肤、骨骼、肌肉和筋膜,照耀一切,
使你所见的一切都沐浴在宁静祥和的光辉中。
它代表了坦然的接纳,以及纯粹的美好。

当自尊与自爱终于与大自然母亲相遇时,会产生一种奇妙的化学反应——
智慧与回首齐聚一堂,共同施展它们的魔法。
直到你看到一个不断进化、成长、学习和崛起的女性,一遍又一遍。
这是何等美丽的景象。

岁月抹不掉你的美丽,
能抹掉你的美丽的,
只有负面的情绪和消极的心境。

化作璀璨的尘埃

别再谈永葆青春,也别幻想岁月不改。
或许,我们可以聊聊我们是如何乘风破浪,度过这风雨交加的人生路,
如何尽情享受生活的精彩、生命的辉煌,无论是美好还是艰难,每一个疯狂的瞬间。
我们可以彼此述说那些伤痕,还有生存的故事,
将这些珍贵的回忆、宝贵的经验传递给愿意聆听并成长的人,
如同这些话语能赋予他们新的生命。

来人间一趟,不是为了静止不动、停滞不前,
而是一次次优雅的破碎,
化作闪烁的、璀璨的尘埃,
温柔地落在下一代的身上,
如同一场充满智慧和启迪的星光雨。

不要再谈永葆青春、返老还童了,

因为岁月已赐予我们不可言说的人生财富。
你们的智慧、阅历、学识，还有你们自己，
会化作璀璨的尘埃，点亮世界。

我们需要的仅仅是被接纳

你无法修复他们，
但你可以告诉他们：盔甲上虽有裂缝，但那正是让光穿透的地方。
你不能让他们复活，
但你可以无私地给予你的爱，以他们的名义奉献给这个世界。
你无法治愈他们，
但你可以治愈自己，然后向他们展示你是如何做到的。
如果你用光明来包裹它、抚慰它，痛苦必将失去其锋芒。
你不能使他们快乐，但也许可以让他们微笑。
你可以出现在他们身边，让他们感受到，无论如何，他们都是被接纳的。
有时候，我们所需要的，仅仅是被接纳。

你是被庇佑的

如果有一天,你醒来,感受到某种更强大的力量在召唤你,近乎魔法般的力量,邀请你去追随——
那么,去吧,朋友,去吧!
你已经被大自然母亲选中。
她会在时机成熟时,来到我们每个人的身边,向我们展示一种更美好、宁静、和平的生活方式,一种我们能够真正享受生活的方式。
她会为你开辟出蓬勃生长和创造繁荣的空间,让快乐在其中滋长。
她会对你说:"不再只是苟活,是时候真正活着了。"
她会补充说:"不再只是生存,是时候茁壮成长了。"
她会等待,直到你彻底厌倦了自责和内耗,厌倦了扭曲成千百种形态去讨好他人,不再被无数痛苦的形态所束缚。
直到有一天,你静静坐下,疲惫不堪,却渴望以一种更好的方式去生活。
如果你有幸感受到那只充满力量的手伸进来,将你拉起——
去吧,朋友,你的时刻已经到来,你也不必再回头。

回归自然

当抑郁来袭时,很多人会建议去大自然中走走,这并非空穴来风。
因为在大自然中漫步,就像是回到了家,回到了最原始的家。
对于大自然,无所谓喜爱或索取,你本身就是自然的一部分。
你和花园里的树木、花丛中的蜜蜂一样,都是大自然的造物。

你本应与其他植物、动物、生物一起,在原野中度过每一天。
然而,人类的进步带来了不同的安排,也为我们设定了不同的命运。
于是,我们日复一日地生活在屋檐下,却从未真正回过家。

回归自我、找到内心宁静的最快途径,是赤脚踩在草地上,双臂拥抱大树,仰望天空,让心在森林中栖息。尽可能地将疲惫的身体浸入水中,闻一闻每一朵花,用那因打字而疲惫麻木的指尖揉碎清香的泥土。
你本就是自然的一部分,大自然才是真正的家。
偶尔回家一趟吧,你会得到许多连你自己都不知道却一直缺失的东西。

你在他们够不到的高度

不再被那些琐碎打扰,不再被肤浅的事物牵绊,
意识到这一点后获得的力量是无可比拟的。
心,不再只是地图上的一个标记,任凭错误之人寻觅并驻扎于此。
这种意识所带来的喜悦,无以言表;其所带来的宁静与自由,是世间难得的礼物。

如今,若无爱的信物、尊重的凭证,若非心怀善良、目的清澈,他们便无法触及你。
否则,你的心墙已高筑,那些试图伤害你的人根本无法靠近。
你已在他们够不到的高度。

今天也祝福你

愿你今天能从平凡中发现美好,
愿你笑得热泪盈眶,
愿你的灵魂自由自在,
愿你终于学会了放下。
愿变幻的风今日轻拂你的方向,
愿你的心跳坚定而真实,
愿你在自己的世界里感受到温暖,
愿你找到属于你的善良。
愿你喜欢今天的故事走向,
愿你看到自己才是那位英雄,
愿你书写出应得的篇章,
愿美好的结局成为现实。
愿你意识到自己所拥有的影响力,
愿你看清自己的光芒,
愿你今天不再挑剔自己,
愿你明白这人生由你主宰。
愿你感受到阳光亲吻脸庞,

愿你与爱分享片刻，
愿你在这片时光中感到舒适，
也愿你的心从这些话语中得到安放。

你不是为每一个人而存在

你并非为每一个人而存在,
但你无疑是为某些人而来的。
当你发现自己陷入想取悦所有人的陷阱时,
请迅速提醒自己:你也是人。
并进一步提醒自己:取悦所有人是不可能的。
就像阳光无法同时照耀每一张脸庞。
但当它照耀时,当某个人因你的存在而有了意义,
这就已经足够了。

你并非为每一个人而来,亲爱的,
但正是那些"某些人",才是最重要的。
"某些人"会在你忘记如何呼吸时,为你注入新生。
爱你的"某些人",
真挚、深切、坚定地爱他们吧。

关注你的感觉

不要为了迎合他人而减弱你的光芒,
不要为了适应一个沉闷的房间而调低你的频率,
不要因为害怕与众不同而降低你的振动。
也千万不要,千万不要试图减弱别人的光芒。
不要让喧嚣的声音淹没你的直觉,
更不要在直觉呼唤你时选择忽视。
感觉这个东西,并非虚无缥缈,
它们是支撑我们这个神秘星球的能量,
它们掌控着一切。
关注你的感觉,
别让它们减弱,
也别故意削弱它们的能量与光芒。
这,就是新式的"昂首挺胸"。

在这里歇一会儿吧

在这里歇一会儿吧。
你走过了那么多崎岖的路，经历了那么多黑暗，与沉重的负担搏斗，
那双为了自卫而一直紧握武器的手早已伤痕累累。
现在，就把它放下吧，扔在这里，因为我明白你的感受。

在这里歇一会儿吧。
你不再孤单，这里有许多痛苦等着你去释放。
你经历了许多风雨之夜，前方还有更多的考验，
但此刻，我在这里，我会站在你身后。

在这里歇一会儿吧。
这里没有什么压力，不需要你去承担，
只是一个简简单单可以让你敞开心扉的地方。
这里可以让你不带羞愧地展示自己的伤疤。
我也有自己的伤疤。
我们无须为曾经的破碎和像补丁似的伤疤而感到羞愧。

在这里歇一会儿吧,朋友。

你终于安全了,请把心中的恐惧全部释放出来吧。

深深地吸一口气,再吐出来。

让阳光温暖你的脸庞,照亮你的心房。

是时候开始你的疗愈之旅了。

日月星辰，山川海洋，还有你

人们常常说，
人类的骨骼与大海中那美丽的珊瑚几乎无异，
在海洋深处静静闪耀，优雅而神秘。
人们还说，
超新星的爆发孕育了几乎所有承载我们灵魂的元素。
所以，当你觉得自己渺小或微不足道时，
请记住，亲爱的，
你真的是由星尘组成的。
你和这奇妙而美丽的世界中的山川海洋一样，
都是它不可或缺的一部分。
那些让你叹为观止、心驰神往的事物，
那些召唤你回家的奇迹，
都有其缘由。
而你，真的是由星尘组成，本就属于这片浩瀚宇宙，
也真的值得这个世界。

你就是最完美的你

想象一下，若月亮因为太阳的光芒更耀眼而拒绝洒下它的光辉，
若小溪因为河流的奔腾更迅猛而止步不流，
若雪花因为其他雪花更轻盈美妙而不敢飘落，
若星球因为其他星辰更璀璨而不愿发光，
那将会是一个多么黯淡无光、了无生机的世界啊。
如果自然万物都在相互较量，
如果花朵因为邻近的花更艳丽而不敢再绽放，
那世界将失去它最动人的色彩。

你，我的朋友，你须摒弃这等愚行。
你是这世上独一无二的存在，
没有人能比你更像你自己，
你就是最完美的你。

亮出你的牌吧

我知道，让别人看到真实的自己有多难，
就像在纸牌游戏中，一开始就将手中的牌全部亮出来——
你肯定会输，因为所有底牌都已经暴露。
但人生并非纸牌游戏，
这个世界需要真实的人。
外面已经有太多的复制品，在沉默和隐忍中度日，走马观花，
迷失在虚伪的面具之下。
然而，至少有一个人正用渴望的眼神在寻觅，
寻觅一个能够真实地做自己的人，
一个能够真实地面对生活和诸多不易的人。
如果你勇敢地展现真实的自己，
他们将因此绽放，
你也会更加绽放。
如此，世界便会继续，
你或许不会赢得纸牌游戏，
但如果你成为这世上某个人或某个事物绽放的源泉，
你便是一个真正的赢家。

低调的荣耀也值得歌颂

如果世界在一夜之间失去了所有，
我们齐聚一堂，开始重建这个家园，你会成为怎样的存在？

或许你会是一个筹划者，或是关怀者，
也许你会成为觅食者，或是治疗者。
你也可能会自然而然地站出来，成为领袖；
或许你会走向田野，用汗水滋养大地；
或许你会用双手创造新的事物，为家园添砖加瓦。
你可能是那个讲故事的人，用语言传递希望；
或是音乐与艺术的创造者，用旋律和色彩点亮世界。

或许，在更简单的生活中，我们不再为发掘自己的天赋而挣扎，
一切将自然显现，水到渠成。
我们只需拾起工具，去做那些我们灵魂本能知晓的事情。
我们并非要在璀璨的光辉中爆发，淹没世界的辉煌。
我们只是来此生活。

在你每天做的那些美好的事情中，无论高贵或低调，都蕴藏着无尽的技艺和未曾言说的光荣。

第四部分

那些重要的
人和事

❝ 别太在意有一天我会离开你的视线。
紧紧抓住那幸福的希望,
相信爱会让我们再次相聚。

你遇见的每个人都不是偶然

一生中，我们遇见的每个人都不是偶然。
有些人来到这个世界，告诉你什么是爱；
有些人则是来告诉你，什么绝对不是爱。
有些人让我们惊叹缘分的奇妙，
而有些人让我们感慨：茫茫人海，相遇一场，也算报应。
有些人，可以为了你，付出千千万万次。这样的人，值得你用一生去感激和珍惜。
还有些人，则会让你陷入自我怀疑，千万别让他们得逞。
有些人早早离开，却留下深刻的启示：
人生的意义，或许就藏在这些离别之中。
所以，去珍惜和体验每个瞬间吧。
所走之路，所遇之人，所留遗憾，皆是上天注定。
遇见，绝非偶然。
他们，都会以某种方式，在某个时刻，教会你一些东西。
用心去感受吧。

在你疲惫时，
借给你肩膀的那些人

任何人都能召集一群闪闪发光的人，填满房间，办一场盛大的派对。

邀请函、美食、美酒、音乐，以及对快乐的承诺，足以吸引宾客。

但真正值得珍惜的，往往是派对结束后，那些主动留下来帮你收拾残局的人。

他们看到你因筹备派对而筋疲力尽，便默默地伸出援手。

他们自己的生活已经很忙碌，却在聚会前一天打电话问你是否需要帮忙。

他们会在你搬家、心情低落、心碎的日子里准时出现；

在你的演出落幕、卸下妆容后，依然选择陪伴在你身边。

被欢声笑语和光鲜亮丽包围固然美好，但我们更该珍惜的是在你疲惫时，主动借你肩膀依靠的那些人。

他们那一张张充满关心和友爱的脸，可以滋养你的心灵，让它重新焕发生机。

这样的朋友，能与你同甘，也愿意与你共苦。

那些无须多言的朋友

我还没有主动联系这位挚友。昨夜,她又轻轻敲响了我的门。
这一次,我还想装作不在家,但已经迟了。
她透过百叶窗,捕捉到我脆弱躲闪的目光,仿佛能感知到我最细微的气息。

我请她进了屋。
她给了我一个大大的拥抱,可我还未请求她这样做。
我们就这样无言地待着,她安静地陪着我。
后来,我开始抽泣、叹气,然后是无声的哭泣。
房间里没有一句言语,却胜过千言万语。

这位朋友给了我三样东西:
一个拥抱,
一盒我最爱的冰激凌,
最重要的是,她还给了我——希望。

因为我又一次把希望弄丢了,丢在了外面的某个地方。

希望在外面,自己也走丢了,找不到回家的路。

但是这个朋友总是能找到它,小心翼翼地牵着它,领着它回到我的身旁。

我并没有发出邀请,可她总是在我最需要的时候出现。

希望你也有一个这样的朋友——不请自来、无须多言的守护者。

我无法想象没有她的日子会是怎样。

心，得到它应有的位置

当人们说心理健康和身体健康同样重要时，我总是感到困惑。
在我看来，心理健康的重要性远超其他。
你的大脑、你的思维、你的心灵，它们是身体的指挥官。
如果它们无法正常运转，身体也将失去意义。
我们常常忽视心理健康，却不知它才是生活的根基。
如果不时常关注、理解和管理自己的内心世界，其他一切终将崩塌。
如今，世界终于开始意识到心理健康的重要性，但这还不够。
我们需要将它置于首位，给予它应有的重视，就像大脑在身体中的位置一样，它本就该占据最重要的地位。

如果可以，请偶尔回首

回首往昔，
我看到了海滩、夕阳、举起酒杯干杯，还有灯光下闪烁的笑容。
我看到了满桌的美食、分享的面包，心连心流过的泪水和无尽的欢笑。

回首往昔，
我看到了曾经冒过的险、紧握的手、得到的教训。
我看到了心花怒放、值得回味的邂逅，还有被滋养的爱情。
我看到了面对的艰难时刻、共同承担的问题，以及辛苦赢得的胜利。

回首往昔，
我并没看到过往的失败、缺陷或被挑剔的不完美，
也没有看到皱纹、斑点或是体重秤上的数字。
我没有看到车、财物或是赚到的金钱。

回首往昔,
我看到的是一段充实的生活,
里面夹杂着悲伤、失去、遗憾,但更多的是生生不息。

如果可以,请偶尔回首,
它会告诉你什么是重要的,
以及,或许更重要的是,
什么是不重要的。

装宝贝的盒子

九岁那年，他们送了我一个盒子，专门用来收藏我的珍宝。它光彩夺目，镶嵌着美丽的花纹，每一面都熠熠生辉。随着时光的流逝，这个盒子渐渐装满了我想要珍藏的宝贝：一张演出票的票根，那场演出让我笑得泪水夺眶而出；还有一条在海滩上捡到的手链……

岁月流转，盒子逐渐变得破旧。肉眼可见的裂缝，花纹已经褪色，往日的光泽已不在。
合页变得脆弱，被锈蚀侵蚀，那美丽的衬里也已撕裂。
然而，里面的珍宝却被完好地保存着。
每当我打开盒子时，溢出的喜悦如同在享受一场美丽的时光旅行，闪闪发光，那些曾经的记忆也在盒子里明晃晃地闪烁着。

如今，这个盒子已然破碎，但它完成了它的使命——
在它那甜美的心里，珍藏了我一生的记忆。
真希望，我的人生也能像这盒子一样，珍重地守护着每一份光辉。

灯塔与石头，它们同样重要

有些人像灯塔，这是一种天性。
他们的内心充满光明，自愿无私地释放，
将光束投向夜空和黑暗，带来安全与救援的呼唤。

有些人则像硬硬的石头，这也是一种无奈。
岁月使他们变得坚硬，锋芒毕露，坚如磐石，
他们尖锐的棱角无意间摧毁着无数心灵，对于面前正在挣
扎的沉船和溺水者视而不见。

无论是灯塔，还是石头，
你都要同样重视。
一个是航向的目标，代表着希望；
另一个是避之不及的险礁，撞上就是绝望。
让你的心灵面向灯塔吧，
同时将你的警觉聚焦在那堆石头，
这样，你就不会落入危险地带了。

文字的力量

我曾亲眼见过，一首诗挽救了一个生命。
虽只是寥寥数语，却瞬间长出手足，
奔入火海，将无力的灵魂和躯壳拖出。

或许，你看到的只是几行文字，
但我看到的，是一条由文字编织的绳梯，毫不犹豫地伸向谷底，帮助那些坠入深渊的人一步步攀向光明。
我看到的是一座灯塔，一艘救生船，一架在山间搜寻迷失者的直升机。

那是祖先的信息，是来自天上的指引。
那是希望，是一个长着翅膀能带你翱翔的东西。

或许，你从未把文字放在眼里，
但如果你跟我一样，见过一首诗，甚至一句话，为空虚的肺注入生机，让它重新呼吸，
你便不会再轻易小瞧文字。

把吵架留给那些好争论的人

别再深陷那些无关紧要的纷争了,将那些琐碎留给那些热衷于争吵的人吧。
让他们去为鸡毛蒜皮的事争论不休,而你,有更重要的使命要去肩负。
将目光投向那些真正值得你全力以赴的事业,那些能让你心潮澎湃、热血沸腾的目标。
我们正在挣脱的束缚,是为了让后人能在我们开拓的道路上自由奔跑,茁壮成长。
那些我们为之奋斗的事业,会在我们离去后依然闪耀光芒;那些看似不可战胜的挑战,唯有我们齐心协力,才能彰显不屈的力量。
把琐碎的争吵留给那些喜欢争执的人,
你的精力便可以放在那些能唤醒你内心力量的事业上,
那是你心之所属,真正该奔赴的地方。

去做你擅长的那件小事

那件你从小就着迷、做得特别好的事，
那件能带给你独特感受却常被他人忽视的事，
你应该多做，频繁地去做。
无论它是否能带来金钱，别人是否觉得它有价值，
这些都不重要。
重要的是，它是你的专长，它是属于你的。
每当一个成年人重新去做他擅长的事时，
宇宙就会发生一些微妙的变化，
就像一幅看似无序的拼图，
突然变得清晰。
朋友，去做你擅长和喜欢的事吧，
这很重要，很有意义。

真正的朋友

他们说，真正的朋友就像星星，
虽然不会经常见面或待在一起，
但却一直都在。
这话不假。
有些日子实在太匆忙，我顾不上去打听那些星星的消息，
看他们是否安好，是否还在闪烁。
然而我的大脑——不，是心底，会不知不觉地传递着一个又一个信息。

我总想，这样的心意会找到它的归宿，
仿佛在说，"如果你需要我，我就在这里"，
或者是"我常常惦念着你呢"。
这些念头，这些话语，如一缕清风，穿过大气层，无声无息地飘浮在空茫的夜色里，跳跃在星辰之间，直到落在我寻找的那颗星——你。

如果真正的朋友是星辰，那我便在这漫长的夜空中，在无

垠的宇宙里，
和我的那些星星玩着一场安静的弹珠游戏，
弹出无数的感激、默契和眷恋。
偶尔，我也会拨通那个遥远的电话，
但更多时候，不论如何，我永远都会在这里，
无论走多远，永远在那里，
永远。

你，真的还好吗

每个人都知道，有些生命与灵魂已经离我们而去。
每个人也记得，总有那么一个人，带着明亮的笑容，却离开得太过匆忙。
人们常说，他们从未显露过悲伤，
所以，我们应当更细心留意那些生命与灵魂，那些笑容明亮却从不流泪的人，
我们只需再多问一遍："你真的还好吗？"

那些生命与灵魂，深知痛苦对心灵的冲击，
却选择给别人带来光明，而将苦楚藏在自己心底。
他们如同粗糙沙砾中的宝石，珍贵而脆弱，需要我们用心去保护。
他们实在太珍贵，不应轻易失去。

就像泰戈尔所说："谢谢火焰给你光明，但别忘了那个执灯的人，他正坚忍地站在黑暗中呢。"

你所拥有的

在某个地方,有那么一个人,
会爱你的家,羡慕你的车,
甚至你不再穿的衣服。
在某个地方,有那么一个人,
钟情于你的鼻子、嘴唇,
以及你那随性生长的发丝。
对某个地方的某个人来说,
你的生活如同梦境,
一篇美丽的故事,而你是其中的女王。
此刻,有人渴望像你一样高大,
也有人希望像我一样矮小。
而我们却在这里,
思索着相同的念头,
渴望拥有这世界中的其他一切。
我们满怀嫉妒,
盯着那些我们所没有的,
却忘记了感恩
我们所拥有的一切。

第五部分

致爱人

> 愿你能遇到至少一个对的人，
> 那个人会用一百个错误的人
> 无法做到的方式，
> 深深地喜欢你。

在聆听中感知我

在音乐中感知我吧,在旋律的海洋里,在我们共同珍爱的乐章中。
我将轻触那些音符,让它们在空气中跳跃,如同我在你身旁。
歌词是我的灵魂,为你编织勇气,抚慰你疲惫的心灵,
让你感受到内心的完整与和谐。

聆听我,就像聆听大自然的和声。
鸟儿的鸣唱是我对你的呼唤,
树木的低语是我心跳的回响,
当你经过,风儿会轻拂你的耳畔,带去我对你无尽的爱、
关怀与陪伴。

亲爱的,我将以无数种方式,在你耳边低语:
我从未离开,永远与你同在。

在没有你的日子里

怎样在没有你的日子里活下去？
亲爱的，我想，我或许做不到。
无论白昼或黑夜，你仿佛从未离开，
甚至在梦的彼岸，在灵魂与凡尘交织的地方，
你依然伴我左右。

我从未在没有你的日子里独自支撑，
或许永远也不会。
因为你始终与我同在，
你在这片大地上走过的每一步，
都化作了一条被光芒覆盖的路。
你的印记依然鲜明，而我正将自己的脚，
一步一步迈进你的足迹中。

那么，怎样在没有你的日子里活下去？
其实，答案很简单——
我活不下去。

因为我从未在没有你的日子里度过一分一秒，
也许永远也不会。
或许，这就是悲剧的真谛：
你始终与我同在，
而我，
在失去你后，将无法独自前行。

住在心底的人,永远不会分离

当我不再在这里时,
请轻声念我的名字,
我会为你抚平心中的波澜,
为你扫清前路的荆棘。
我会轻轻拭去你脸颊的泪水,
在你耳边低语,带来一丝安慰。
即使我无法再回到你身边,
请轻声念我的名字,我会在你心中回应。

当我化作夜空中一颗明亮的星,
请不要觉得我很遥远。
我依然与你同在,
与你的赤子之心紧紧相依。
愿你拥抱内心的野性,
释放最真实的天性,
在每一天中找到属于自己的快乐,
在灰暗中寻觅宝石般的光芒。

当我不再在这里,
请让我为你驱散心中的恐惧。
将它轻轻拿出,放在地上,
然后带着它走出家门。
把你的忧虑也交给我吧,
让我为你分担。
即使我无法再回到你身边,
我也会将你的恐惧与忧虑一同带走。
住在心底的人,永远不会分离。

记忆

我可以向你保证,
岁月的河流或许会冲淡我的记忆,
但它永远无法带走我的灵魂。
在旁人眼中,我或许不再是从前的模样,
我可能会说错话,会混淆词语,甚至让你因我而伤心落泪。
名字可能会从我的脑海中消散,地点也会让我感到迷茫,
时间或许会从我的指缝中溜走,日子也会变得模糊不清。

但你的脸庞,那永远明亮的脸庞,
会在静谧的夜晚,悄然出现在我的梦里。
你那勇敢的精神,早已深深镌刻在我的心上,
成为我生命中最坚定的光芒。
所以,请别忘记,
我从一开始就深深爱着你,
这份爱从未改变,也永远不会消逝。
我向你保证,
岁月或许会带走我的记忆,
但那份永存的爱,我永远记得。

因为你，我的心再一次完整了

我们不是完美的，
也永远不会是完美的。
幸而如此。
然而，当我遇见你，将你迎入我的内心时，
那些曾被遗忘的碎片，渐渐回来了。
仿佛它们在我之前就认出了你，
仿佛它们终于找到了一个可以安心栖息的地方。

一点一滴，
我开始感到更加完整。
并不是你让我变得完整，
而是你的爱给了我力量，
让我有勇气去完成自己。

所以，当我说"我全心全意爱你"时，那是发自内心的真情。
因为我的心，再一次完整了。
是你，把它救活了，让它重新焕发生机。
因为你，我的心再一次完整了。

把我写下来

如果有一天,我开始慢慢遗忘,
那些曾经清晰如画的往事,那些温柔的瞬间,
甚至你的容颜,渐渐变得模糊,
请不要感到无助,也不要害怕。

为了我们两个人,铭记我。把我写下来吧,我的笑容、我的话语、我的小脾气,还有那些你和我一起编织的回忆,都写下来吧。用文字、用照片、用我们听过的歌,重新构建我。把它们放进一个小小的、精致的盒子里。那是属于我们的秘密花园,是我们爱的见证。

或许有一天,我会忘记自己是谁,但我知道,你会记得。
我的挚爱,请不要灰心。
我曾经如此真实,如此鲜活;
你了解我,胜过整个世界。
为了我们彼此,请不要忘记我。
如此,我便不会消逝。

来自天堂的牵线

我看到你仰望星空,目光中满是温柔,思念着你所爱的人。
这简单却深情的动作中,蕴藏着无尽的力量。
此刻,也许有千万双眼睛也在仰望着同一片浩瀚的夜空。
那些目光中,或许有失落,有忧伤,
但更多的,是爱与希望。
这千万份情感汇聚在一起,千万颗心灵彼此呼应,形成了
一种奇妙的共鸣,
仿佛整个世界都在用这种方式,诉说着爱与被爱的故事。
与此同时,又有千万个灵魂回以爱的光辉。
那些看不见的、神秘的爱之丝线,交织于整个宇宙,
宛如来自天堂的牵线。

当我的心不再跳动

当我的心不再跳动,请将我投入大海的怀抱。
将我的灰烬撒在波涛之上,静静凝望,
让月光轻抚她的波浪,温柔地触碰每一粒尘埃。
将我带回这个神奇的星球,
我曾如此幸运地漫步其中,感受它的辽阔与温暖。

当你无比思念我时,请来到海边,我的挚爱。
让大自然母亲用她的怀抱提醒你,
我们彼此相连,从未分开。
虽然我们在这片土地上走过无数岁月,
但我们终究是她骨骼的一部分,永恒不变。
当你站在海边,凝望着无垠的海天,
我将化作一阵微风,拂过你颈上的发丝,
将生命的气息送回你的心间。

当我的心不再跳动,请带我去海边,我的挚爱。
大海,我最后的归宿,也是我们的家。
带我回家。

再次重逢，我定不会辜负

经历了那些没有你之后的"第一次"，被一次次毁灭性地打击之后，
所有关于我们最后时光的回忆，也耗尽了。
一种新的悲伤仿佛悄然降临，曾经的里程碑已不复存在。

那么，接下来，该如何是好？
我曾以为，之后的人生，必定再也没有你的痕迹。
直到，我感受到了你的微笑，
感受到它在你歌声的伴奏下，温暖了我的肌肤。

你走之后，我以为昔日的自豪永远无法再见，
而你却在我身旁，静静陪伴。
在那些难以抉择的时刻，你的建议和智慧总会如影随形，
仿佛你早已将它们埋葬在我的内心深处。

所以我在这里，
迎接你送来的知更鸟，
数着你留下的羽毛和你画出的彩虹。

渐渐地，我明白，
我们还有一个新的篇章，
我们的故事还未结束。
直到我们再次重逢的那一天，
我定不会辜负。

为了你，我开始仰望天空

我从未真正留意过天空的美丽，
直到我开始为了你而仰望它。
我从未真正欣赏过阳光在云层间跳舞时的光辉，
那种闪耀夺目、如梦似幻的光影演出，
如今，却仿佛是你为我专门上演的一场动人剧目。
我坐在最前排，沉醉于你那灿烂的光芒，
用尽全身的力量、所有的感官，去感受你那近在咫尺的灵魂。

亲爱的，我从未真正意识到天空的那份神奇与振奋，
直到我为了你而仰望它，
直到它成为你的天空，
直到你，成为我的天空。
直到，天空成为你的象征。
从此，我每天都在找寻你的天空，
并且将永远如此。

第六部分

❤

致孩子

" 我的精神和灵魂会来把你的眼泪擦干,
亲爱的,
但我更希望你也能常常赠予我你的笑声——
那是我最爱的声音。

短短那么几年

终有一天,当你望向自己的孩子时,发现迎接你的已是一个成年人。
那一刻的颠覆感,仿佛脚下的地板骤然崩塌。
你猛然意识到,
原来,直到他们展翅高飞前的那瞬间,你一直都在守护着他们。

当你被育儿的琐碎包围时,总觉得时光漫长,仿佛这一切没有尽头。
然而,我们都明白,没有什么能永远停留。
幼儿与孩童的时光,不过是短短那么几年。
若足够幸运,你将有漫长的岁月,见证他们从稚嫩走向成熟。

所以,如果可以,且行且珍惜。

致女儿

我真心希望,你所看到的,是真实的我——
不是伪装的笑容,不是强撑的完美,也不是无忧无虑的假象。
我希望,我能为你种下一颗信念的种子,
也希望给了你足够的爱,尽管那些爱有时显得笨拙而凌乱,
却能为你描绘出生活的底色,
告诉你,爱应当是什么模样。

亲爱的女儿,
我希望你见过我最脆弱的时刻,
这样你就会明白,崩溃并非终点,
而是人生长河中的一段急流,
是我们共同跋涉的一部分。

亲爱的女儿,
我不可能把所有事情都做对,
但或许,这才是我能给你的最好的教诲——
没有人能事事完美,

我们来到这世上,不是为了追求完美,也不是为了成为完美本身,
而是为了在跌跌撞撞中变得更坚韧,
让一代比一代更加辉煌。

去发光吧,亲爱的女儿,
你的光芒比我更耀眼、更温暖、更辽阔,
这是你与生俱来的气质。

如果有一天,我无法再牵你的手,
请记住,我的血液仍在你的脉搏中流淌,
我的呼吸仍在你的胸膛里起伏。
你永远不会失去我,
因为我们从未真正分离。

狂野的希望

致儿子

母子之间的纽带,如同一片绚丽的黑洞,充满了无尽的爱与崇拜。
它可以吞噬一切,甚至超越我们自身的存在。
女人们可以凭借直觉和本能相互理解。
如你所见,女性在很多方面都有着相似之处。
然而,当一个女人孕育出一个男孩时,
就会迸发出一股温柔而强大的力量。

我希望,我可以让你感受到那股不可抗拒的力量。
我希望,我教会了你什么是尊重女人、尊重所有人,
并且在这过程中永远不要迷失自我。
我希望,你允许自己变得柔软,
因为只有在柔软中,才能看到内心真正的坚强。
最重要的是,我希望你能学会倾听自己的心声。
当有一天,你无法拨通我的电话,
我希望你能探寻内心深处那小小的裂缝,
那里藏着你所需要的一切,藏着你所渴求的爱。

亲爱的儿子，从第一眼看到你，我的心就已经完全属于你了。而这份爱，你将永远拥有它。

你是我的小太阳

当你酣然入睡,我畅想着你的未来,
想象着你如何在这世界中找到属于自己的天地,
也思索着我是否有幸见证这一切的到来。

我揣测着你的人生,你将会做出的种种选择,
希望这世上,有一份像我对你一样深沉和无私的爱,来到你身旁。
我想象着你的模样:
你会不会任由发丝在风中飘扬?还是这个世界会磨平你绚烂的棱角?
我祈愿你能看到自己的美丽,心怀感恩,
愿你的心灵永远纯净,让生命成为你的艺术,
愿你能守护自己的善良,以及灿烂的笑容。
我知道,你将会在别人身上洒满阳光,正如你一直是我的小太阳。
我无法让生活处处顺遂,也无法替你清除前行路上的痛苦,
我能做的,只有爱你,并愿你也一样爱自己。

曾经是孩子，现在是父母

做父母，就像将心捧在手心，轻轻置于身体之外。
岁月无声流淌，我们用尽所有的温柔与耐心，悉心呵护，
直到那一天，不得不放手，让这颗心独自去闯荡，走进那复杂而多变的世界。
我们深知，这个世界充满了不可预知的伤害。
但我们能做到的，就是盼望这颗心时不时回个家，回忆起那些被爱包裹的时光。
我们盼望，孩子能带着故事归来，分享他们的喜悦与忧愁，告诉我们，他们的平安与幸福。
当这颗心受伤时，我们盼望他们能想起，这世上还有一双用爱织就的手，
永远为他们敞开，无条件地为他们修补伤痕。
做父母，便是把心放在身体外面，
并且明白，那正是它该在的地方，如一朵花在风中摇曳，
带着我们无尽的牵挂和祝福。

等待雏鸟归来

有些孩子离巢而去,不再回来。
没有归途,没有重逢,
甚至连一通电话也不曾响起。
有些雏鸟飞走了,便远在天涯,消失在茫茫天际,
只留下空荡荡的巢和一颗悬着的心。

作为鸟妈妈,她所能做的,
便是怀着无尽的希望,
以她的一切方式,送去爱。
她轻声对树木低语,托付蝴蝶带去思念,对每天路过的鸟儿诉说,
祈祷这些温柔的话语,
能随风飘到她的孩子们那里。

她依然满怀深情地等待着,
等待雏鸟们的心逐渐苏醒,
等待他们找到那藏在细胞中的地图,
记得那条回家的路。

小小的手指

我仍然能感觉到那些小小的手指，紧紧地攥着我的大拇指，
像一颗小小的种子，依赖着土壤的温暖。
我还记得，那轻轻刷过我面颊的小睫毛，带着梦的轻盈。
仿佛只是眨眼间，我还能单手抱着你，轻轻地摇晃，哼着
那首熟悉的歌谣，哄你入睡。

我记得你摇摇晃晃地学步，像一只初生的小鹿，努力站直，
每一次成功，你的双眼都闪闪发光，仿佛整个世界都在为
你欢呼。
我还记得，将怪物们从你的床边赶走，
在你哭泣时，我用双手轻柔地安抚，
告诉你，妈妈永远在这里。

如今，我还是那个会担忧的妈妈，
惦记着你的生活是否安好，
是否给予了你足够的爱和支持，
让你拥有这世间一切美好。

但说实话，我亲爱的宝贝，
我最希望的是，
你拥有爱，
以及童年时的惊奇与快乐。

你飞得如此高，
比我曾经飞得更高，
这正是我所愿。

在我心里，你永远是那个
用小小的手指，紧紧握着我的大拇指的孩子，
而我，将一直陪伴着你，
轻柔地摇晃，轻声安抚，
直到我生命的最后一刻。

第七部分

你

❝ 如果你是某人乌云密布的世界里的阳光,
我希望你能为此感到自豪。
没有什么比这个更有价值了。

你是诗，是远方，是生命中最美的意象

你发出的清晨问候，像诗一样从指尖流淌而出。那是一束带着希望的光芒，恰如其分地抵达我的焦虑之地。你的耐心，如同静谧的湖水，蕴藏着诗意。当愤怒的言辞如同饥饿的飞禽在上空盘旋，你往往能用最温柔的话语将它们驱散。

这股温柔的力量，抚慰了他人，也治愈了一切。

诗意，早已在你心中生根发芽。每当你直面不堪的真相，伸出那只关怀的手，将人们从沼泽般的困境中拉起，给予他们支持与安慰时，那些爱你的人都会说：你说过的话，带来了光明，驱散了恐惧。你撒出的那张救命之网，如同守护者般托起了那些坠落中的人。

也许，你未曾察觉，你本身就是诗，是他人不可及的远方，是生命中最美的意象。

你我皆是过客

你并非生于一片土地，而是生于其上；
你得到的，只是亲近这片土壤的机会，而非真正地拥有。
朋友，你是过客，我们都是过客。
大自然母亲时常以她的方式提醒我们这一真相——
她用狂风的怒吼、暴雨的倾泻、海洋的汹涌，
冲刷掉人类所谓的战利品、愚行与傲慢的主张。
"不，"她说，"你并不拥有这片土地，你只是这片土地的客人。"

做个好客人吧，善待你脚下的这片土地。
当他人的土地震颤时，敞开怀抱，欢迎他们来到你的暂居之地。

你并非生于一片土地，而是被赐予了接触它的机会。
珍惜这份赐予，善用这份礼物。

灵魂向往自由的天地

时光，总在追求所谓的善良中悄然流逝。
很多时候，我们努力成为被世人理解的人，
然而这个世界似乎从未真正体察。
当大多数人都在追逐同样的目标时，
谁又能看清谁在上演哪种戏码？

我们隐藏自己，缩小自身，
为了适应，为了融入，
我们取悦他人，不断说"是"。
而在内心深处，
那个饥渴的内心小孩仍在渴望与幻想，
想知道外面的世界是什么模样，
想品尝那久违的变幻之风，
渴望一个可以重新开始本色出演的世界。
直到为时已晚，光芒稀少，河流干涸，
我们才听见她的哭泣和伤感的呼唤。
不要让内心的小孩成为这场悲剧的主角。
尚有时光，放她回归那片自由的天地。

你有魔法

请你相信,这世间总有奇迹。
即便在最阴沉的日子里,阳光难觅,也请在心底留一片空地,让那些美好的事物悄然滋长。
打开心门,让它们进来;迈开脚步,去寻找它们。

美好的瞬间无处不在,
它们在静静等待,只等你去发现。
纷繁尘世中的每一丝光亮都在提醒你:
生活只是日复一日的琐事和清单,它更是由无数美好拼接而成的彩色画卷。
而你,正是这幅画卷中不可或缺、独具韵味的一笔。

你的故事

她写了一本蓝色的书,饱含了她的所学、心得与感悟。
可惜,直到她离世后,才有人翻开它。
她的自尊与顾虑,让她从未将这些心底的话语与人分享,
然而,她笔下的文字,却凝聚着无尽的温情与关怀。

直到有一天,
她的孙女在追寻家族的痕迹时偶然发现了那本蓝色的书。
她捧起这本满是灰尘的旧书卷,沉浸在字里行间,
每翻一页,都仿佛回到了家的温暖怀抱。

她迫不及待地打开电脑,将书中的美丽故事与世界分享。
那些关于心碎与坚韧、失去与爱,以及生命中的种种收获的故事,
如今终于摆脱了束缚,走出压抑的阴影,重见天日。

世界被这些动人的文字深深吸引了。
原来,她生前的疑虑与担忧,

不过是心中的幻影。
她的文字,犹如漂泊者的救命稻草;
她的思绪,宛如黑夜中的灯塔,
为迷失的人们指引方向,
让昏暗中的人们看见光明。

所以,请将你的故事写下来,
不论是红色还是蓝色。
有人渴望聆听你所经历的风雨和传奇。
岁月会悄然流逝,
但当你不再出现在他们的视野中,
你的书将代你,诉说你的一生。

我喜欢的正是你的古灵精怪

告诉你一个小秘密:
我遇到过的最好的人,都很古怪。

他们美妙得不寻常,带着与众不同的气质,身上有一种说不清道不明的迷人魅力。
他们像一朵层层绽放的花,每一片花瓣都藏着独特的芬芳。
他们不按常理出牌,却有一种令人惊叹的深度,
每一层被揭开的灵魂都像剥洋葱一样,带着泪,但闪着光。

他们如此奇特,以至于每一次见面都让我心生期待,
不知道他们又会带来怎样的智慧和故事。
从他们神秘的生命宝库中采集的奇珍异宝,
总让我惊喜万分,羡慕不已。

我爱极了这些与众不同的怪异与美妙,
新奇又独特,自由而灵动。
所以,亲爱的,

不必在我面前掩饰你的真实,
不必装出一副平凡的模样。
我是为你的特别而来,
我很想认识那个独特的、真实的你。

你的本质,你的存在,无与伦比

有人用你吃的食物来定义你,但我觉得,这太浅薄了。
真正能定义你的,是你所爱的一切。
爱,才是你的灵魂。

有人说,你是你所做的事;或许对有些人来说,这是真理。
但我相信,你是你所笑,是你所想。
你存在于你数不清的笑声中,深藏在夜深人静的沉思里。

你是那些触动灵魂的文字,是你反复播放的歌曲,是那个让你感到完整的人。
你是每一个温暖的举动,是你流下的每一滴泪,是你身上每一道伤痕背后的故事。
你是那些未曾实现的梦想,是你心底无法被压抑的善意,是你笑声中藏不住的快乐。
你是彩虹中每一抹绚烂的色彩。

说真的,你是如此丰富,是三言两语说不清的深邃和动人。
你的本质,你的存在,无与伦比。

第八部分

女性

> 愿你在经历了这么多之后,
> 能够对自己宽容一些。
> 你,值得感受到善意。

只是女人而已

在篝火的映照下,她们的身影或许会让人感到惊恐。
女巫们聚集在一起,吟唱着古老的歌谣,似乎在召唤灵魂,编织咒语的魔力。
然而,她们也只是一群普通的女人,只是在以自己的方式,坚守着一种古老而质朴的力量。

作为女人,她们生来就注定要凝聚在一起。
她们相互扶持,成为彼此的战友,共同度过每一天的烈焰;
她们一起赴汤蹈火,分享着疗愈的秘方。
她们坚信,自己远比外界所定义的、所评判的、所允许的,强大得多。

这种团结的力量,在无知者眼中,非常像魔法,
因为,他们从未设想过,也不敢想象。
然而,这只是一群女性,做着她们每天都在做的事情。

我也是那种女人

我也是那样的女人,
会毫无保留地告诉你我的真实想法——即使这可能会让你不悦。
我会告诉你,你在发光、在闪耀,近乎完美地不完美。
请不要再对不完美耿耿于怀了。
真实,难道不是最完美的存在吗?
难道还有比你自身的真实更美好的东西吗?

我会告诉你,
你的笑声如音乐般动听,你的忧虑重要且有价值,你的思想很迷人且值得被倾听。
我会告诉你,你的幽默是我每天的一抹阳光。
我会告诉你,你犯的错误不能代表你,
你永远、永远,值得被爱。
我会告诉你这一切,哪怕你会觉得烦,
因为或许你从未遇见过这样的人——
一个真正欣赏、珍视、毫无掩饰地给予你认可的人。

但，你现在遇到了。

所以，如果你不喜欢那些直言不讳的女人，请远离我吧，因为我永远不会停止表达。

觉醒中

年岁渐长,我愈发明白,那些所谓"女人变疯"的论调,不过是女人们在某天清晨醒来,闻到咖啡香气时,内心深处涌起的愤怒与不甘。

她们感到愤怒,因为这些年,为了迎合他人的期待,她们将自己的灵魂扭曲成一个麻花。

她们愤怒,因为从来没有勇敢地说一声"不",更准确地说,她们从没坚决地说过"去你的"。

她们愤怒,因为没对自己说更多的"是"或"好样的",也没敢真正将自己放在首位。

她们愤怒,因为这些年,自己的感受、情绪、欲望,总是被冠上"激素"这个标签,一个像狗皮膏药的标签,揭下来会撕掉一层皮。

而那些在别人眼里过激的防范,成了掩盖他人不当行为的借口。

然而,这不是激素,也不是更年期的失控。这是一种觉醒。

随着岁月的流逝,我越来越意识到,女性并非在发疯,也并非失去理智。

她们正变得越来越清醒,越来越明智。

大自然母亲的手

我认为,那些妊娠纹、皱纹、雀斑和痣,都是大自然母亲的手笔。
我认为,腰上的赘肉、腿部的凹陷、身上的胎记,也都是她的画笔留下的痕迹。
我认为,瑕疵与不完美,正是每个人身上最迷人的部分。

那颗歪斜的牙齿,还有那个灵动的酒窝。每次她微笑时总能牵动我心。
她笑起来时,脸庞的弧度将眼睛轻轻包裹,仿佛所有的顾虑都烟消云散。
她沉思时,眉间出现的那道纹路,是隐藏不住的睿智。

我认为,每个人都是一件独一无二的艺术品。
你只需后退一步,细细地观赏。

允许他们

让他们争论。

让他们打架。

让他们自以为是。

让他们闲言碎语。

让他们愤怒。

让他们自造牢笼。

让他们评判。

让他们说话。

让他们走他们的路。

让他们在你背后偷笑。

让他们无法使你偏离轨道。

让他们窃取彼此的成果。

让他们压制美德的声音。

让他们为王位而残杀。

让他们从鸡蛋里挑骨头。

但是,

无论他们做什么,都别让他们改变你。
请你一如既往地仰望苍穹,欣赏你途经的每一片美景。
待在你为自己搭建的保护壳内,只需回应那些值得的召唤。
让他们肆意地倾轧吧,
你只需信任自己就好。

祝你母亲节快乐

如果母亲节对你来说很难过——可能有很多原因会导致这种情绪——
请记住,亲爱的,你是多么值得被爱。

你的存在,本身就是科学、大自然和幸运共同编织的奇迹。
幸运或许会消逝,但是爱会永远长存。

如果你的母亲已在天国,今天就将她带到你心间吧,追忆她留下的每一份遗产。
如果你从未感受过母爱,请相信:你也可以创造它。
你可以成为那份爱的源头,将它播撒给你生命中的每一个人。
无论是孩子、朋友,还是陌生人。

如果母亲节让你感到难过,找一种方式庆祝吧——
去庆祝生命的诞生,
庆祝养育的付出,

庆祝那些爱的给予者。

我们中许多人,每天都在以不同的方式扮演着母亲的角色,而这不仅限于我们自己的孩子。

祝你母亲节快乐。

付出了太多

你已经付出了太多,太多的人早已习惯了你的存在,习惯了你的可靠、给予和关怀。
久而久之,你在不知不觉中习惯了将自己遗落。
是时候了。
是时候去重绘那些模糊的界限,重新找回自己。

你已经付出了太多。
现在,去更多地爱自己吧,
去追逐那些深藏心底的梦想,
去享受那些久违的喜悦,
去好好照顾自己。
你曾遗落了自己,
如今,就去将她找回吧。

一个勇敢无畏的女孩

我曾认识一个勇敢无畏的女孩。
她用沾满泥土的膝盖和双手,震撼了整个世界。
她那坚定的姿态,蔑视一切的样子,让人无法忽视。
她把所有人的固化认知揉成一团,重新书写。
那些虚伪的规则,对她来说一文不值。她比那些愚人更聪慧。
每一天,她都在成长,变得更加坚强、更加闪耀,勇往直前。

直到有一天,她的心被一个男孩偷走了。
他看着她玩耍,每天都在她的灵魂上凿出一个洞,一点点侵蚀她的一切,
直到她的精神似乎开始枯萎、腐烂。
随着时间流逝,人们担心那个曾经勇敢无畏的女孩已然消失。

直到有一天,如同一道闪电划破夜空,那个勇敢无畏的女孩被唤醒。
她仿佛感受到了某个已逝之人的触摸,终于完全清醒过来。
她原本知道爱是什么样子,只是她对如今的处境感到十分

困惑。她深知这种感觉不对。

于是,她的精神再次燃起,灵魂再次升华。

她找回了自己,揉了揉眼睛,记起了自己是谁,感受到那已经失去了一切的痛楚。

今天,那个勇敢无畏的女孩已然长大,行走在世界上,成为一个梦想家和女王,帮助他人感受到被看见的温暖。她感谢那个声音,是它帮助自己做出了那个选择。

因为,最简单的真理就是:

你是如此珍贵,不容失去。

不是只有女性才能温柔

对一个不强硬的男孩来说,世界总是显得格外艰难。
他们背负着巨大的压力,被要求坚强、去战斗。
那些大声喧哗的男孩,看起来豪横得不可一世,
宣扬着所谓的"男子气概"才是正道。

然而,很多男孩,只是无法按照他们应有的方式去表达,
那些内心柔和、本性善良的男性,往往因此显得格外孤独。
外在的强硬,并不能代表男人应有的担当。
但教条式的教育却告诉他们,要隐藏起美好的思想,
男儿有泪不轻弹,否则就会被贴上"多愁善感"的标签。

但我希望,有一天,那些男孩会知道,他们的心灵有着穿透一切的力量,
那种美好是无法被熄灭的。
刚强和男子气概并不是唯一的目标,也不是只有女性才能温柔。
让爱进入灵魂吧——这已经不是一种义务了。

我愿养育内心温柔的男孩，
让他们自由地表达自己的心声。
我会赞美每一滴眼泪、每一种情感，
让那些温柔的男孩们被接纳和赞许，
让世界用新的眼光看待他们，
让"男子气概"不再是一个冷酷的概念。

女人们心知肚明

女人们心知肚明。
哪怕她们表面上装作不知,但其实早已了然于心。
你明白吗?
对于那些不明白的人,这实在难以解释。
女人,一生中最悲哀的事莫过于
亲手遏制那份直觉,那份与生俱来的敏锐感知。
这是无数个无畏的女性前辈留给我们的宝贵馈赠,
也是她们的勇敢和坚韧,为我们铺就了前行的道路。

所以,亲爱的朋友们,请继续相信自己的感知与直觉。
请让这种感知永不停息地流动,
因为这,正是你们真正的力量所在。

她们与你同在

在这世上，陪伴你的，不仅仅是你的母亲，还有她的母亲，她母亲的母亲，她们的朋友们，以及那些没有血缘关系，却自愿去帮你、爱你、守护你的人。

还有更早的女性，一代又一代，她们满怀钦佩与欣赏地注视着你勇往直前，目送你在人生的路上前行。她们带着无限的爱与期盼，祝愿你活得更好，就像她们曾经无比希望能给女儿们一个更公平的世界，并且真的无私地去做了。

所以，当你感到低落、孤独或不被爱时，请记住她们，感受她们的存在。曾经的、伟大的女性。这些女性先驱，永远与你同在。她们的每一个动作，都闪耀着无尽的光辉。

亲爱的，你是无数女性先驱的"时代印记"，
终有一天，你也会像她们一样，为后来者铺设新的道路。
这是一场多么美丽、无尽的传承啊。

献给母亲们

献给母亲们：
你们抚育的是野性的灵魂——
那些不肯屈服、珍稀、率性无拘、鲁莽，却又如珍宝般的孩子。
你们正在将星尘塑造成形，守护着月光，直到它准备好去指引潮汐、点亮夜空。
不要急于让世界现在就看见你们手中的璞玉所散发出的闪烁光芒。
还未到时候，他们还无法理解，
但终有一天，那光辉将让所有人目不转睛。

致这些野性孩子的母亲：
你们是星星的收集者，
月亮的捕捉者，
梦的塑造者。
你们或许已疲惫不堪，
但将星光凝聚成人形，
本就不是一件容易的事。
而你们，正在默默成就这一切。

姐妹情谊

当我深陷困境,被生活的茧紧紧束缚时,是那些女性将我
解救出来。
她们以温柔却坚定的力量,唤醒了我内心的自我认知,
让我明白自己由何构成,又将何去何从。
她们不仅打破了我那层封闭的外壳,
更用温暖的双手将我拉出深渊,托起我再次展翅飞翔。

在那充满直觉的力量、无条件的支持与无声的姐妹情谊中,
蕴藏着无尽的智慧与古老而深邃的美丽。
请珍惜这份情谊,如同珍视一份无价之宝。
因为,姐妹们,它正是生命中无比珍贵的礼物。

青春，
是她最后会拾起的东西

有人说，随着岁月的流逝，她渐渐褪去了昔日的光彩，
只剩下一个模糊的影子。
众人议论纷纷，猜测着为何她的衣着不再时髦，
头发也渐渐花白，任由皱纹肆意蔓延，
这一切让某些人感到无比失望和惋惜。

他们没看见她内心找到的那束光，误以为她已变得黯淡。
但在我眼中，她因智慧而光彩夺目，熠熠生辉，正散发出
一种深邃而宁静的光芒。
每当她经过时，我仿佛能听见她内心那坚定的真理之声，
那是一种历经岁月沉淀后的从容与自信。

她确实放下了很多东西，但青春，是她最后会拾起的东西。
因为终有一天，她找到了真正的自己，被困在内心最深处
的那个女人。
今天，她已不再理会世俗的纷争，只专注于内心的光芒，
追寻着生命的真谛。

狂野的希望

第九部分

❤

爱

❝ 如果我只能为你许下一个愿望,
那就是希望你能得到治愈。
你的伤口已经太久没有愈合了。

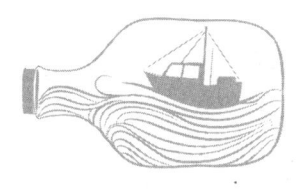

爱的语言,美得无与伦比

你可知道,
你所做的那件事,
在帖子中轻轻 @ 了朋友,
它如同甘霖滋润着干涸的心田。

你发出的每一条短信,
在你的思绪和灵魂深处徘徊,
是你满怀真诚、希望分享的治愈良方。

你精心保存视频,
因为你深知它们能触动那些人的心弦,
引出一抹久违的微笑,
那正是他们迫切需要的温暖。

这一切,
这一切的细腻与温柔,
都是爱的语言,
而且,这种语言,美得无与伦比。

狂野的希望

最终，
你还是学会了如何去爱

也许从来没有人教你如何去爱，
没人向你展示过，无条件的爱是什么样子的。
也许你必须独自摸索，很艰辛地摸索，
终于，你在困境中领悟了爱的真谛。

你将本应紧紧守护的部分，轻轻赠予他人，任其随风飘散。
这一切，不是为了让他们欣赏你的辉煌宫殿，
而是为了让他们在你心里安家，
在你的思绪中徜徉，在你的脑海中筑巢，
占据你的梦境，甚至侵占你的床榻。

也许你从未学会如何去爱，
朋友啊，
你只能硬着头皮，独自学习。
但你终究还是学会了如何去爱，
只不过，这一路，
充满了辛酸和泪水。

去爱吧，因为那是心之所属

人们常说，心之所欲，难以阻挡，以此来解释他们的混乱与迷失。
但我从不责怪这颗心灵。
我不认为爱情是从天而降的闪电，
也不相信爱会突然袭来，拆散人们原本幸福的家庭。
心需要爱，这是毋庸置疑的，
但是，它从未想过摧毁另一颗心。
它从未怀有那样的欲望。

如果你用对自己的爱、对生活的热情，以及对身边人的关怀去填满心灵，
它便会做出明智的选择。
它不会为了新的风景而逃离，
尽管它可能决定独自前行一段时间。

人们常说，心之所欲，
但我认为，心灵一直渴望的是平静。

不要把那些闪电般的破坏和家园的毁灭归咎于心灵——
那是完全不同的东西。

爱,最先来

在失去之后,没有人能够抛开悲伤独自前行,
他们会带着悲伤一同上路。
你可以与悲伤握手,温柔地接纳她,
因为她如今与你共存。

为她搬一把椅子,让她坐在你身旁,
给予她安慰。
她并非你最初所想的怪物,
而是爱的化身。

如果你愿意,
她将与你相伴,安静地融入你的生活。
在你愤怒的时刻,
记住,她的到来是有原因的,记住她所代表的意义。

亲爱的朋友,请记住,悲伤为什么会来看望你,
因为比它更早到来的,是爱。
爱,最先来。

没说出口的爱

那些未曾说出口的赞美,最终会去向何方?
那些在你心中悄然珍藏的美好念头,
每一句未曾吐露的言语,或许能融化一颗冰冷的心,
或在某个心灵深处播撒希望的种子。

还有那些"我爱你",每次都在喉间轻轻翻涌,
却始终未能找到出口。
你的心中早已盛满了想表达的爱意,
所以别再让那些真挚的情感
仅仅停留在表面的寒暄里。

语言的力量远超我们的想象。
它们承载着深远的意义,
带着信息,走向无垠的天地。

所以,当那些爱意在唇边轻盈跃动时,请将它们说出口吧,
让它们自由地飞向远方,
去寻找一颗渴望温暖的心。

第十部分

写给疲惫的内心

> 在泥土中可以找到很多希望。
> 毕竟，那里养育着很多很多，
> 长得很好的花儿。

心里的小孩早已疲惫不堪

有一种疲惫,是睡眠无法消除或驱散的。
那种倦怠,休息再久也无法恢复。
亲爱的朋友,当它降临时,请直视你内心的小孩。
你会发现,这个小孩是你的能量,是点亮心灯的火苗。
当你的世界渐渐黯淡,是她用那青春洋溢和充满能量的希望,
重新点燃了你内心的火焰。

如果有一天,这个小孩感到疲惫,不再散发光芒,
请你更好地待她。
因为她渴望自由,渴望广阔的天地,
她想要蛋糕、笑声和欢乐,想要追逐风的脚步。

亲爱的朋友,让这个小孩尽情地玩耍吧。
有一种疲惫,睡眠无法消除和抵挡,
但在月光下,笑声伴着海浪,却能驱散一切疲惫。

焦虑这玩意儿，就是越想越多

焦虑这玩意儿，越想越多，就像一场无休止的雪崩。你越是想它，它就越发汹涌，像滚雪球一样越滚越大。这种不断膨胀的恐惧感，让人手足无措，最终将你彻底吞没，夺走你对生活的掌控。此时，焦虑已经坐上了驾驶位，而你只能在副驾驶位干着急，眼睁睁看着焦虑横冲直撞。

要想阻止它，你得先断了它的粮草。找个安静的地方坐下来，深吸一口气，再缓缓吐出，一次又一次，重复这个过程。记住，你才是驾驶员，你要获得掌控权。你的呼吸、你的心跳、你的身体，这些维持生命的关键，都听从你的指挥。它们依从你的指令行动，而不是焦虑的。

焦虑不过是个不请自来的乘客，你完全有力量把它赶回后座，或者赶出车外。那才是它该待的地方。
驾驭你的焦虑，不要让焦虑驾驭你。

睡觉之前

将内疚轻轻放在拖鞋旁边，让忧虑待在角落静静栖息。
至于羞耻与难堪，也让它们像风一般滑出门外吧。
这里，容不下它们。

回想那些欢笑的时光，温暖的言语，
在脑海中轻轻回旋，
想想你所珍爱之人的笑容，
让这些珍贵的片段，如星光般，伴你入梦。

这一天，你已尽心竭力，以那颗满怀爱的心为指引；
你辛劳着、关怀着，这便已足够，
将那沉重的负担交予天地吧，
现在，你该歇息了。
闭上眼睛，让恐惧如夜雾般慢慢消散，
让疲惫的身心在夜色中渐渐沉静。

你已经将自己的一切，投入到这生命的轮回中。
请准备迎接梦境的到来，静候新的一天。

少做一点

当你站在门口,看着凌乱的房间,感到无从下手时,不妨先停下来。
不要试图一口气解决所有问题,或许可以从一个微小的细节开始。

也许是一只孤单的鞋子,静静地躺在角落。
找到它的伴侣,将它们整齐地放回鞋柜。
然后,坐下来,轻轻回忆这双鞋子的故事——
你在哪里买下它的?那一天的天气是怎样的?是否有阳光洒在你的肩头?
即使那段记忆平淡无奇,你也可以扬起嘴角微笑。

接着,转向另一个小物件,重复这个过程。
比起被庞大的任务压垮,一步步地处理反而更实际、更轻松。
你的思绪也是如此。
当脑海中纷乱如麻,各种念头纠缠不清时,不妨坐下来,
一个思绪一个思绪地梳理。

温柔地和自己对话,而不是严苛地批评。
将每一个思绪轻轻放回它该在的位置,就像整理房间一样,让内心逐渐恢复秩序。

有时候,想要完成更多,反而需要少做一点。

别让忧虑和你一起入睡

不要带着忧虑入睡,它在床上可不是个好伴侣。
它会潜入你的梦境,像一只狡猾的蜘蛛,编织出无数的闹剧,
让你的夜晚不再安宁。

它会在你的心田播下坏种子,扼杀你辛苦种下的一切,
甚至将花圃中的根茎连根拔起,只为给它自己腾出地盘。
它会将你珍爱的回忆涂成灰暗的颜色,
它会遇见你内心深处的那个孩子,
并让她瑟缩着远远逃开。

别让忧虑爬上你的床。
开一条窗缝,将它赶出去,连同它的同伴们——
恐惧、完美主义、自我怀疑,
也一起扔出去。

现在,快去关上窗,
回到床上,安心躺下,

让所有美好的念头静静驻留。
邀请希望与快乐再走近些,
它们是那么温柔、智慧、真实,
还有几分平和与宽容,
然后,让平静洗涤你的心灵。

不要和忧虑一起入睡,它绝不是个好伴侣。
生活中的压力与负担已经够多了,
何必让那只怪物也钻进你的脑海,占据你的心房呢?
今夜,让安宁成为你的枕边人。

和我坐一起吧

如果你觉得自己"太过",
太过动情、太过敏感、太过直率、太过脆弱,
甚至声音太大,心思太重,
那么,请不要犹豫,来和我坐一起吧。

把你的"太过"都交给我,
咱们把它们收集起来,
然后一起放飞到遥远的月亮之上,
让它们散落到星辰。
让这些"太过"在星空里找到安身的地方,
变得更大、更耀眼,
将它们的光芒洒向世界的每一个角落。

如果你觉得自己"太过",
那就快来我身边吧,朋友。
我从不嫌弃你的"太过",以后也不会。
欢迎你在这里,尽情地"太过"一点。

敬我们坚韧的脊梁

敬我们坚韧的脊梁,
那些不知疲倦、实实在在的支撑者,
它们如此可靠,却从来不求回报。
它们默默地将一切托起,但从始至终无声无息,
它们,从未要求我们说过一句感谢。

但,我们要说声"谢谢",
献给那些永远在线、奔跑在生命第一线的它们。
那些在夜深时分躺下,疲惫不堪,
每次都是最后入睡,却最早醒来迎接黎明的它们。

我们要说一声"抱歉",
献给它们,
自始至终最被需要,却最难被我们看到。
或许,这份致意将是它们迈向自我肯定的一大步。

谢谢你们,一节一节的脊柱,
你们是如此卓越,撑起了生命的重量。

许愿请三思哟

如果，你一直想象着各种可能出错的情景，
在脑海中勾勒着最恐怖的详细场面，
忘记在光彩夺目的画面中期盼那些美丽和激励的可能。
那么，你内心的焦虑与恐惧，便化作了宇宙蓝图的制定者，
它们会按照你脑海里的草稿，为你的生活绘制一份新的蓝图。
如果草稿里都是黑暗与绝望，那你的蓝图也将布满阴霾和困境。

你的每一次憧憬，其实都是在给星辰写信，为自己创造魔法。
你所许下的愿望，便是这魔法的源泉。

所以，朋友们，许愿请三思哟。
因为这，将决定你们所迎接的未来。

我希望

我希望,生活会带给你一些能让你感受到极致快乐的瞬间,
那种极致的快乐,只有当我们担心它会消逝,才会扰乱心境。
但,你可以将那份担忧像甩背包一样,甩到你身后。
虽然无法摆脱它的存在,却可以带着它继续大踏步向前,
而且,你一定得走下去。

我希望,生活也能赠你片刻的安宁,
让这广阔无垠的星球、浩渺的世界,在静谧中向你敞开,
轻轻地对你说:"美,就在这里。"

我希望,你每天都能看见五彩斑斓,
哪怕四周寂静无声,心中也有音乐在回响。

我希望,在某些日子里,阳光正好,微风轻抚,
你的笑声像泉水般清澈、欢畅。

我希望,在某些时刻里,你可以真正地活着,与万物的本

源紧密相连，感受生命的脉动和宇宙的呼吸。

我希望，今天就是这样的一天，
我也真心地希望，今天，就是这样一个美好的开始。

第十一部分

生 与 死

> 即使在你离开后,
> 你所经历的这种美丽而凌乱的生活,
> 会继续创造伟大的爱。

天堂

倘若我们真的去了天堂呢？
如果，天堂真的那么美好，是光明与宁静交织的圣地。
在那里，我们被深爱却已逝去的亲人所环绕。
假如，我们从那幸福之地俯瞰尘世，目睹留在人间的至亲，
因我们的离去而拒绝光明与快乐，心中会是何等痛楚。

亲爱的朋友，请不要让生命在这种沉寂中消逝，更不要随已逝的生命一同凋零。
我深信，甚至可以说确信，这是他们最不愿意看到的景象。
我们应当，以他们的爱为动力，活出我们的人生，以此作为对他们最深的纪念。
我们也应当，纪念并尊重失去亲人和挚友所带来的悲伤与痛苦，这是我们必须走的路。
他们的精神并未消逝，只是肉体先我们一步离去了。
请别让你的灵魂随他们而去。
至少不是现在，还没到时候。

随风而去

细数那流逝的光阴、岁月的点滴
堆积成的一片片时光的记忆。
再添上那些爱的瞬间、曾让你驻足片刻的温暖,
记下阳光灿烂的沙滩、洗涤心灵的海浪,
还有那些你勇敢追逐的时刻。
唤醒生命的萌芽,点燃生命的火花。
收藏那些快乐的回忆,滋养灵魂的成长。
那些动人心弦的乐曲,那些让你圆满的言语,
咸涩的亲吻,抹去的泪水和恐惧。
趁那些温暖的小身影飞走前,
请把这些年里你爱过的面庞
在心中定格。
它们是属于你的珍宝,
一定要好好收藏,收进一个名叫"我所熟知"的档案袋里。
其余的记忆,
就让它们随风而去吧。

他们在另一个世界回忆

有些人,缓缓地被带往另一个世界,不是肉体,而是精神。
记忆像一场极其缓慢的搬迁,一点一点地从我们身边抽离。
装满了生活的箱子,装满了章节、人物、爱恋,被悉心地
打包进一辆车,慢慢驶向彼岸。

随着这些记忆的离去,留下的人愈发孤独,仿佛逝者的爱
也已离去。
这是一场痛苦的告别,却让人无可奈何。

但我愿意相信,我们所熟知的人,终能抵达彼岸,再次完整。
当他们看见那些等待已久的箱子,一一打开,
那些章节、记忆、爱恋,将重新与他们相聚。

那份发自内心的喜悦,也带给我很大的安慰。
那些人不再长久失落,在宁静的休憩中,他们在另一个世
界回忆起了所有。

天国的孩子们

我与那只常栖于我树上的知更鸟交谈。
我对它说,我总觉得你在等我。
它轻轻地摇了摇那柔软的小脑袋,表示不同意。
它说:
天上的孩子们啊,是那样地快乐。你看,他们不知恐惧为何物,也无从体验悔恨。他们在幸福的忘却中,度过一天又一天。他们在欢笑中奔跑,玩着简朴的游戏。他们的日子在遗忘与祖先的深爱中流转。
知更鸟继续道:孩子们在天上唯一显得忧伤的时刻,是当他们俯瞰那曾经属于他们的生活,看到那些深爱之人,似乎失去了生机的时候。
知更鸟说:振作起来,不要再落泪。天国的孩子们在嬉耍和玩闹间,是自由的、自在的。他们并不急于见你。你的人生仍需继续,还有很多回忆待你去拾取。

时间,对于地上的人们,也许过得十分缓慢,如坐针毡。
但对于天上的人们,不过是刹那,很快便会重逢。

让世界继续转动,
让一切顺其自然。
你看,天上的孩子们多么快乐。

他们已然平和

你失去的那些人,心中并无愤怒。
无论他们现在何处,怨恨和创伤早已如云烟般无影无踪。
他们没有积蓄悔恨,更不想报复或复仇。
他们已经寻得了内心的平和。

如果你相信,他们的灵魂依然与我们相伴,那么也请你相信,
他们只愿我们也能感受到他们如今的平静与爱。
因此,在纪念逝去的亲人时,如果你心中仍存痛苦,请寻找一种方式,
将这些情感释放到天空,托付于苍穹。
他们会接住你的悲伤,并让它们消散。

你失去的人,他们并不愤怒。
他们已然平和。
他们愿意与你分享他们现在所拥有的宁静,
那是经过岁月磨砺后,时光赋予他们的礼物。

带上他们的呼吸

当悲伤如巨石般压迫着你的胸膛，
请深吸一口气，
为了你自己，
也为了那些再也无法呼吸的人。
让每一个细胞都浸润那珍贵的生命气息，
感受它如清泉般滋养你的心灵，
你的思绪，你的心跳，你的身躯，
让生命之气在你体内静静流淌。

当悲伤将你挤压得几近窒息时，
深吸一口气，
再吸一口，
这奇迹般的呼吸。
为了那些同样无法呼吸，
以及再也无法呼吸的人。

深呼吸。

这一口气，
会让你活下去。
而那些再也无法呼吸的人，
也会感受到这份生命的延续。

生与死

没有什么，比意识到"我们终将一死"，更能深刻地唤醒你对生命的热情。
凝视死亡，沉思它的意义，是拥抱生命的最佳方式。
思考每个人未来的尽头，并非病态，而是一种振奋心灵的力量，
是一针让生命更坚定、灵魂更震撼、头脑更清晰的强心剂。
它会将你迅速拉回当下，让你以更清晰的视野、更敏锐的感官，
去珍惜生命中的每一寸平凡，去认识到什么才是真正重要的。

如果你已经走到了这里，欢迎。
现在，让我们真正开始拥抱生活吧。
我们没有时间可以浪费了。

给你的伤口时间，让它们愈合

让你的伤口慢慢愈合吧。

不要在它们愈合时去撩拨，也不要用手去抚摸。

缝合生肉、灵魂与心灵的伤口，需要勇气、静默的美好、魔力和隐忍。

让它们自然愈合。不要刻意去按压它们，那只会让它们更加疼痛；

也不要在它们痒时去抓挠。

给你的伤口足够的时间去愈合吧，亲爱的。

其实，生命，一半是肌肤，一半是伤疤。

而伤疤，反而是值得尊敬的。

不要在未愈合的伤口上徘徊，因为你只会让那些伤口日渐腐朽。

给它们时间，让它们愈合，伤口总会有恢复如初的那一天。

终有一天，在不久的将来，你会用手指轻触它们新生的光泽，回忆起自己曾经勇敢渡过的难关。

第十二部分

这个世界

" 希望在生命最深处,
是骨头内的空旷空间使它们如此坚不可摧。
当这些空间破裂时,
将它们绑起来吧,
因为希望会自行痊愈。

道理、四季、人生

请问,关于友情破裂的书在哪里?
我曾在书页间苦苦寻觅,试图找到关于缘分断裂的答案。
请问,有哪本自助手册,能带我们走出那让人心绞痛的困惑?
那些缄默沉痛的夜晚,我们似乎总是在盼望一丝光明。
请问,那些曾在耳边回荡的悠扬旋律呢?
为何如今变得如此刺耳,只剩下无尽的苍凉?
请问,那些治愈的文字呢?
或许它们正藏在某个安静的角落,渴望带给我们一丝安慰。

不曾走过,怎会懂得。
如果你经历过,便能体会失去一段关系有多么痛苦。
那种不知何时、何处出了问题的无奈与困惑,是多么折磨人心。
那种无法为失去的爱而拼搏的挫败与绝望,是多么无力。

所以,我想先问一下:
关于友情破裂的书,到底在哪里?

人们常挂在嘴边的，是道理、四季、人生。
但有时候，原因和真相可能永远不会被知晓。
而轮换的四季、曾经的点滴，会永远被保存在记忆的长河中，
像小心翼翼地捧着一把碎片，
细细地回味，轻轻地放下。

春

我一直相信，春天是希望的预兆，是前往光明日子的跳板，也是通往生命的大门。

春天用期盼抚慰着我们在冬天疲倦懒散的灵魂，并承诺给我们带来更多的希望。

它轻轻地摇晃我们冬眠许久的脚趾，低声说：

"醒来吧，你的冬眠日子结束啦。"

于是，我们和迫不及待的晨曦一起苏醒、重燃、充满活力。

就像大自然一样，我们开始复苏和蜕变。

春天啊，快来吧，我们已经期盼多时了，盼望你带来光明、欢乐和新生。

我们正在慢慢从沉睡中苏醒，欢迎你归来。

夏

夏日来临，生活仿佛变得轻松自在。

当生命达到丰盈的巅峰，白昼变得如此美好而漫长，它们也承载着无尽的希望。

夏天是一个活力四射的季节，是阳光下辛勤劳作的时光，更是创造和积累快乐回忆的时刻。

这些回忆，将在漫长的冬季温暖人们空寂的内心。

不要让忧虑或恐惧阻挡你去拥抱阳光，也不要让它们阻挡你去享受你应得的快乐。

你的人生中会有许多个夏天，但其实，它们永远都不够多。

你值得去享受每一个夏天，去感受它们的每一分热度。

夏日的人生最为轻松快活，所以，尽情享受这份自在吧。

秋

很多人欢欣鼓舞于春天，但我一直钟情于秋天。
那是有着丰富的色彩，是卸下负重、顺从于比自身更强大力量的一个季节。
秋天揭示出真正的自我——裸露且无畏。
它不依赖虚幻浮华的外表来装饰，而是用内在的智慧温暖世间。
仿佛在这个季节，我们终于明白：一切如其所是，一切也终将过去。
秋天不会因冬天的来临而颤抖。
它平静地沐浴在最后的阳光里，珍惜每一刻，视之为生命旅程中至关重要的一部分。
它让叶子们飘落在大地上，滋养新生，
每一片都蕴含着金色的希望，
还在从未有过的宁静中找到了安宁。
我一直爱秋天，因为它代表着放手。
放手吧。

冬

你可能会觉得自己越来越懒散,或者缺陷越来越多了。
但请记住,你身体里的元素如同天上的星星,你的骨骼构造宛如海里的珊瑚。
而你,正被月亮、太阳、潮汐与行星引领着,无论你是否察觉。
所以,你并不是懒惰,也并没有落后。
大自然只是很自然地拉着你,放慢了脚步,
就像你周围的生命、植物和动物,它们都在为冬眠做准备呢。
这不是你独自崛起的时刻。
看看你周围,现在是冬天。
而你,正在过冬,且时机正好。

光阴

金钱可以再得,时间却一去不返。
趁着机缘尚在,去创造属于你的回忆吧。
那些冒险的经历、令人回味的时光,你绝不会感到后悔。

然而,亲爱的朋友们,你可能会为那些擦肩而过的机缘黯然神伤,
尤其是当黑夜降临时,遗憾的情绪更是不可避免。
但请记住,那些珍贵的回忆,在夜深人静时,也必定会温暖你、激励你,推动你继续前行,去体验未知和未来。

金钱可以再得,逝去的光阴却无从追回。

宇宙

昨夜，我想起了月亮，她没有自己的光源。
我们在夜空中看到的，不过是一块壮丽的石头，映照着太阳的光辉，
在黑夜为我们指引方向，确保我们不会迷失，不会失去希望。

接着，我思索了一个更深远的道理：
若没有月亮，地球将会失去平衡，倾斜得不堪设想，且面临极端的气候和难以生存的条件——
一面受光过多，一面却几乎无光。

于是，我感到，这个银河系，这颗地球，实在是神奇又美丽。
我们都被它稳稳托住，绝不孤单，也从未缺少支持。

朋友，不必畏惧那漫长的黑夜。
仰望星空，光明终会归来。
太阳和月亮，始终在尽心尽力地协作着，以保我们能继续前行。

愿你也继续前行。

宇宙，正在默默守护着我们。

太阳

无论如何,请你千万记住,太阳依旧在发光。
无论云层多么厚重,无论你有多久未曾感受到她的光芒,
她始终在那里,照耀着,
努力穿透掩盖她的云层,努力温暖着大地和万物,散发生命的气息。
太阳啊,她渴望触及你那疲惫的身躯,正如你渴望感受到她的温暖。
她永远在你这边。
即使乌云遮挡了她,即使世界陷入黑暗,也愿你相信她仍存在。
知道她在那里,仅仅这一点,有时就是你重获力量所需的一切。
太阳始终在,永远都会在。

月亮

我一直深爱着月亮,
而现在,她与我缔结了希望的永恒契约。
我问她,你过得好吗?
她回答,你平静、祥和,也幸福。
那一刻,我便觉得体内流淌着关于你的回忆,
月亮只是单纯地将其映射回来,
让我可以看得更清晰。
我请求她:"不要消失,请一直照耀我。"
我一直深爱着月亮。
深夜里,每当我想念你的时候,
月亮都会抱住我。
我便看向月亮的脸,
好像看见了你的面容。
那一刻,月亮变成了你,你化作了月亮。
而我请求她:"别走,请永远不要离我而去。"
我一直深爱着月亮,
如今她与我在这希望的契约中,
永恒地回忆着,关于你的点点滴滴。

悟

我渐渐明白，不是所有闪耀的东西，都如它们表面那般值得或真实。

我渐渐明白，无论我如何努力，总会有人找出我的缺陷。

我渐渐明白，生活中的那些女性，远不止是朋友，她们是我的姐妹。

我渐渐明白，过于紧握一切，最终什么也握不住，只会留下遗憾、悔恨和难看的伤痕。

我渐渐明白，我所选择的身体，是我短暂的居所，而我不过是其中的过客。

我渐渐明白，那些看似完美的人，也会踉跄、会哭泣、会在困境中挣扎，与普通人无异。

我渐渐明白，我们所得的这一生，是一张珍贵的金色票券。

我渐渐明白，我们传递的光芒，才是人生的真正意义。

因果

我常觉得,因果就像是我们灵魂深处储存的一罐光明。
一个人的幸福,来自于自己的一念、一言、一行;
灾祸,同样来自于自己的一念、一言、一行。
每当我们的话语或行为充满善意,我们便从那罐光明中取出一点,温柔地赠予他人。
而因果,这种神奇的东西,会在我们最需要光明的时刻,将那束光重新送回给我们。
更奇妙的是,我们以善意去给予的那份光,回来时愈加明亮。
相反,当我们的言行带有恶意,我们也会从那罐光明中取出一些,
但那些光明却再也不会回来。
它们被浪费、丢弃、流向黑暗,未能完成它们的使命。
这些光,原本可以让世界变得更加美好。
然而,这种恶意所浪费的光明,也涵盖了你对待自己的方式。
所以,如果你在困惑,为何你的因果报应未能反映出你那温柔的心灵,
不妨检查一下你内心的审判者。
她可能正忙着窃取光明呢。

善

大多数人,是好人。

他们会轻柔地和自己的宠物说"拜拜",会耐心地一遍又一遍地为孩子读睡前故事。

即便忙碌,他们也会抽空去看望老人,偶尔还会关心那些低调无闻的朋友。

逛完大超市后,他们会把购物车放回原处。

即便自己时间已经来不及,也会让只买一件商品的人先结账。

即便不是大富大贵,甚至经济拮据,大多数人仍会慷慨施舍。

日复一日,他们默默关心着那些素未谋面的人。

当世界似乎变得越来越冷漠时,请记住:

大多数人仍是好人,是善良的人。

时间的意义

或许,我们可以重新定义时间的意义。

我不认为休息、与朋友聊天、在大自然中漫步或沉浸于一本好书,是在浪费时间。

时间不会在我们彼此交流、灵魂交融、让内心的孩子尽情奔跑或编织传承的故事中被浪费。

时间更不会在我们帮助他人,或做任何滋养灵魂、恢复疲惫身躯的事情中荒废。

这些,才是时间的真正意义。

其他的一切,不过是那无休止的清单上的一笔,

是等待被勾选的一个。

快乐与幸福

有人说幸福是一种选择,可我觉得,它更像是昼夜交替。
我们无法始终处于幸福之中,也不可能永远沉浸在悲伤里。
我们必须让这两者日月交替,
这种循环构成了生命的本质。
而且,有时它们也可以奇妙地共存;
或许有些奇异,或许会有些尴尬,
但它们却在提醒我们:
生活不是非黑即白,情感和情绪也是多彩斑斓的,
没有什么是永恒不变的。
五颜六色的生活,不要乱七八糟地过。
他们说,幸福是一种选择,但我认为,
我们真正可以选择的,是内心的平和。
接受生活的多样性,以平和的心态面对一切,
这才是选择的真正意义。
这样,平和的基调便会邀请幸福稍作停留,也可以让悲伤
来去自如,
如同一切都应如此,如同生命的本质。

在我生命最后的日子里

我希望,在我生命的最后一程,
无人奉承我那把年纪的皮肤质量,
也无人称赞我较为完好的遗容。
我希望留在人们记忆中的我,
是那个无惧皱纹,迎着阳光坦然微笑的我;
是那个在每一个清晨、每一分钟里,
都优雅从容、满怀热情地生活的我。

我来人间一趟,不是为了永葆青春,
而是为了尽情尝遍人生的酸甜苦辣。

在我生命的尽头,我的身体将讲述我的故事,
一个关于完整而真实的灵魂的故事。

狂野的希望

这颗神奇伟大的石头

我们存在于一颗有着四十五亿年历史的星球上，
这颗大石头，飘浮在那不可思议的无垠虚空中。
你和我，还有这八十亿个灵魂，都被一种无形的力量牵引着，
一起悬挂在这浩渺之中。
这颗星球上的一切，无疑是艺术的杰作，
其精巧绝伦，永远无法穷尽。

我们与大地上的山川草木、湖海河流，同出一源，
只是在创世的风中轻轻搅动了几分，
便被塑造成这般华丽的景象。

你看，我们人类是多么不可思议！
单是我们呼吸的瞬间，都藏着生命不可名状的奇迹。
你此刻正在做的——阅读、感受、领悟，
都充满了复杂而玄妙的奥秘。

然而，我们却常常为无关紧要的琐事忧心忡忡。

不如把目光放得远些!
今天,就带着一颗敬畏的心,出去走一走、看一看,
看清楚你正在过的生活。

这生活中的每一个细节,无不令人惊异;
而我们脚下的这块大石头——这颗星球,我们的家园,
它本身就令人惊叹,让人敬畏。

请睁开眼睛,伸出双手,深深呼吸,尽情感受这一切。
这块石头,在它漫长的岁月里,
我们不过是其中一个生命的脉动,心跳的瞬间,却永恒如
星光。

只留下爱吧,
带着感恩去生活,
用那双充满惊奇的眼睛去观赏和领悟这一切奥秘吧。